绽放的阳台蔬菜

陈娟 等 ◎ 著

中国农业出版社

北 京

图书在版编目（CIP）数据

绽放的阳台蔬菜/陈娟等著．—北京：中国农业
出版社，2023.9
ISBN 978-7-109-29924-5

Ⅰ.①绽⋯　Ⅱ.①陈⋯　Ⅲ.①阳台-蔬菜园艺　Ⅳ.
①S63

中国版本图书馆CIP数据核字（2022）第162077号

ZHANFANG DE YANGTAI SHUCAI

中国农业出版社出版
地址：北京市朝阳区麦子店街18号楼
邮编：100125
责任编辑：孟令洋　郭晨茜
版式设计：杜　然　责任校对：吴丽婷　责任印制：王　宏
印刷：北京中科印刷有限公司
版次：2023年9月第1版
印次：2023年9月北京第1次印刷
发行：新华书店北京发行所
开本：787mm×1092mm　1/16
印张：15.75
字数：400千字
定价：98.00元

AUTHOR 著者

陈 娟　张西露　叶英林
纪晟莹　李尝君　解 涛

　　我国农耕文明源远流长，蔬菜是人类选择与驯化的结果，在农业生产力不足时，蔬菜凭着叹为观止的营养价值和倔强野性的生命力，伴随先辈们生存繁衍并度过了漫长的饥馑年代。现今，蔬菜经一代又一代科研人员的培育，不断辟土扎根，成为人们日常饮食中不可或缺的食物，默默影响和改变着人们的生活。种菜既是繁衍生息的谋生方式与营养保健的需求，也是古代传统农耕模式和文化的传承。华夏五千年，国人喜爱种菜及擅长种菜满世界都知晓。毋庸置疑的是，为应对蔬菜淡季与抵御饥荒，祖先们更是将善于垦荒的天赋禀性发挥得淋漓尽致，亦传承下许多的具有生活情趣的种菜之法，并造就了农耕文明的基石。菜园一直是国人的生活灵魂，人们对蔬菜的热爱和对于自然的美好憧憬从未改变，"种菜"已深深烙印在国人的生活基因中。现今，人们生活在都市楼宇间，尽管少不了焦虑忙碌，却依旧崇尚自然，向往"田夫荷锄至，相见语依依"的乡土情结和采菊东篱下的闲适田园生活。阳台种菜或居家园艺这种回归自然的生产方式在满足人们"口舌之欢"的同时，对人们的精神抚慰和健康大有裨益，新冠肺炎疫情期间，甚至成为人们缓解压力的一味良药，发挥着园艺疗法不可替代的作用。其作为一种农业生产新技术和新型农业种植模式，是现代家庭园艺生活的一部分，也是一个方兴未艾的朝阳产业，人们也将会迎来全新的家庭园艺时代。

　　《绽放的阳台蔬菜》是一本简洁明了而又实用有趣的阳台蔬菜科普书，本书作者长期从事科普宣传与创作，能够将深奥难懂的科学内容和种菜科普知识以轻松流畅的笔法、淡淡的诗意和生动有趣的语言娓娓道来。本书视角独特，条理清晰，行文自然流畅，可读性强，在引领读者感受书籍灵动的同时，通过参与阳台种菜的劳作和体验园艺新视角，感受耕种之道，感悟生活之美。作者在全书融入了众多的设计元素，从园艺空间构建、四季蔬菜布局、植物颜色搭配、种植日历拟定、栽培容器选择、蔬菜生长要素等基本准则开始，用赋予诗意的创意设计，详细的考释，手把手教你巧妙布局阳台植物，打造满目惊喜又实用美观的种植空间。此外，全书还从培育健康蔬菜所需要的土壤、肥料、光照、温度等基本要素着手，详尽展述了茄果类、瓜类、豆类等44种适宜阳台栽培的蔬菜植物的生长过程，将起源、基本习性、播种、定植、浇水、施肥到收获的基本知识、培育技巧和具体种植方法都一一呈现，并将阳台蔬菜病虫害绿色防控，甚至将营养成分、贮藏保鲜与烹饪方法等相关知识及实用技术都揉入其中，读起来趣味盎然。本书也将教会你如何让阳台绿意盎然，蔬香满满，做到人与自然和谐相融，而且书中对绿色生活理念的强调如利用厨余垃圾制作有机肥等科普知识也值得人们去思考。

诚然，种菜是考验智慧和体现精细劳作的事，《绽放的阳台蔬菜》通过将古老的农耕文明和现代种植技艺相结合，无论阳台朝向，空间，或四季所限，都能以此书为纽带从中寻找到最好的解决办法和种植最美的蔬菜。尝试在有限的生存空间植蔬种菜，躬耕乐道，让身边的环境充满情趣，让生活的美好触手可及。而且，阳台种菜还是创造美食最直接的途径。全书从阳台设计布局到各色蔬菜栽培要点，可操作性极强，一年四季都可轻松栽种，这些鲜嫩多汁的蔬菜可随手采摘，随时食用，家庭主妇最为热衷。本书亦可帮助种菜爱好者将阳台变成美味丰产又多姿的花园。而且，亲手培育还能帮助孩子们认知和探索自然界的无穷奥秘。在阳台咫尺空间，开始尝试种植辣椒、番茄、香草……摸索蔬菜生长的习性，精心培育，用独特的视角记录下蔬菜生长的过程，凡尔赛般晒出劳作后的成果，并享受那无与伦比的新鲜采摘的味道。做一个聪明的农夫，种上一棚瓜豆，任叶长花开，独自棚下饮酒喝茶数菜花，何乐不为？

今天的中国，蔬果产量和消费量在7亿吨以上，占世界总量的40%，缺粮少米、饔飧不继的日子已成过往，人们对美好生活向往日趋强烈。在熙熙攘攘、资源禀赋相对贫乏的都市，一米阳台，一方庭院，种蔬植菜，侍花弄草，以全新的视角去感知时空变迁和现代科技的发展成果，将来自田园的丰美馈赠化作舌尖上一抹鲜意，这既是一种农业智慧，也是一种生活哲学，同时也是国人对唾手可得的慢生活方式和田园诗歌的一种美学表达。

郑宝根

二〇二三年二月十六日

《尔雅·释天》曰："凡草菜之可食者，通名为蔬"。又曰："谷不熟为饥，蔬不熟为馑"。蔬菜，从草之可食者，逐步演变驯化为人类繁衍生息的主要食物，与人们的生活息息相关。蔬菜生长，也遵循着自然嬗变的规律。今天的中国，蔬菜种植面积超过2 233.3万hm^2，产量接近8亿t，人均占有量超过500kg。

然一箪食，一瓢饮，绿色健康的饮食风尚和渐近自然的养生观一直是我们所推崇与追寻的。在这片畦町所艺、含蕊藉芳、万物有灵的土地上，每个人心中都梦想着有一片属于自己的庭院或菜园，但现实中拥庭院者鲜少，而芸芸众生，几乎每家都可坐拥一米阳台。阳台咫尺空间，生活广阔舞台。我们每日所需的慰抚心灵的绿色瓜果蔬菜是否能从我们所居处的有限空间中获得呢？《绽放的阳台蔬菜》将教你充分利用都市狭小空间，种蔬植菜，莳花弄草，打开阳台那片闲逸恬淡的天空，体验远离喧嚣的宁静之所，感受万物的生机与美好。阳台种菜可近距离观察各类蔬菜的形态特征及生长特性，充分展现古老与现代的种植技艺及一蔬一菜之美，并跟随岁月流转，四时变化，让赋予独特风格的庭院或阳台蔬果流香，瓜菜叠翠，自成风景，让美味唾手可得，让清香四溢悠远。

开窗闻花香，俯首莳蔬影。我们并不生活在土地上，而是在时间里。在悄无声息中，每片叶，每朵花，都是生命的礼赞。在娴静的岁月，或屋顶，或庭院，或露台，或角落，亦或一盆一钵，但凡我们喜爱的，都是我们置身自然之中的伙伴，我们都可加以取之用之爱之，打造出独特风格的美丽菜园。极蔬之形，尽蔬之性，展蔬之美，感蔬之情，品蔬之味，从简单的播种开始，到一片片叶长，一串串花开……在不同的季节，辣椒、茄子、番茄、南瓜、丝瓜、苦瓜、白菜、萝卜、甘蓝等各色瓜果蔬菜摇曳多姿，它们在大自然的怀抱中自由生长，带给舌尖别样惊喜……哦，想想这亲手创造的空中菜园和充满田园牧歌式的生活就是件令人非常兴奋有趣的事哩。还等什么呢？让我们拿起小铲，在花盆中，在阳台上，在庭院的每个角落里，快快开启充满乐趣又充满期待的种菜之旅吧！

本书呈现的造型效果和视觉品味虽不尽丰富和至臻完美，但却尽极美之图、极简之笔、极易之术，娓娓道出了阳台种菜的味道、生机与雅趣。

序

前言

基础篇

栽培篇

基础篇

阳台蔬菜，都市农业新时尚

　　一庭院，一陋室，一壶茶，一本书……自然光沿着朴素的白墙缓缓洒落，温暖地照射在满是生机的阳台上……在挂满瓜果藤叶的吊椅上，感知百蔬之鲜美，或读书，或冥想，品味生活最初的模样。

　　"宁可一日无肉，不可一日无蔬"。蔬菜是人们生活中不可或缺的重要食物，富含膳食纤维、多种维生素、矿物质、碳水化合物等营养物质，是国人人均消耗量最大的副食品，我国亦是世界蔬菜生产和消费第一大国。蔬菜营养丰富，亦蔬亦药，除了充饥果腹之乐，养生保健之效，兼具优化环境、美化生活、陶冶性情等作用。随着城镇化步伐的加快及生活品味的不断提升，人们对绿色食品及舌尖安全的关注程度与日俱增，渴望优质居住环境的愿望也日益凸显。特别是包裹在钢筋水泥中的人们对传统农耕意境中"晨兴理荒秽，带月荷锄归"的宁静田园生活更为憧憬，越来越多的人乐于在城市中微耕，并尝试利用庭院等空间栽种各色蔬菜瓜果及香草等植物，蔬菜生产也开始从耕地种植走进城市，向屋顶、阳台、露台、庭院等空间发展，城市中的微农业——阳台农业也因此而发展，并从以往的单一食用性发展为生态、观赏、食用、药用等多用途相结合的模式。在此变化下，一些传统的农业生产方式得到了变革，更多脱离土壤的各种新型栽培方式和技术逐步得以推广和应用。阳台农业规模小、时尚并富有创意，而且低碳环保，是城市建筑和自然生态之间的完美结合，也是新时期都市农业发展的一个新模式和一种无法抵御的潮流。

　　阳台种菜是阳台农业和庭院园艺的重要组成部分，是人们利用屋顶、露台、阳台、窗

台、阳光房等有限空间，结合先进的栽培管理技术创造植物生长的有利条件，进行蔬菜生产的农业活动。不仅可以满足人们对田园生活向往的需求，保证蔬菜的营养和品质，带给人们舌尖上最妥帖的幸福感，还可构建自然和谐宜居的人居环境。当然，蔬菜种植有其自身的特点和要求，对于千家万户城镇居民来说，从事蔬菜园艺生产主要依靠阳台，而阳台种菜是表现园艺热点的新型种植方式，也是充分展示都市型现代农业发展的一种新形态，现正逐渐成为都市农业主流和市民的一种生活方式。特别是在新冠肺炎疫情影响下，不少人的生活习惯发生了巨大改变，阳台种菜似乎成为一种可以全民参与的绿色、环保、健康、有趣的生产活动，而且可以减少对市场的依赖。这一崭新的家庭消费时尚理念和健康生活态度焕发出强大生机与活力，不仅给餐桌带来了新鲜食材，还起到了缓解焦虑和压力的作用。

　　受空间的局限性，现今阳台蔬菜种植也更趋于立体化、精细化、无土化。我国阳台蔬菜种植起步晚，处于初期阶段。但目前城市居民对阳台园艺的需求日益剧增，阳台蔬菜种植也正在城乡居民中逐步兴起，其功能也由单一生产向生产、生活、生态拓展。随之，市场上对于蔬菜家庭园艺的开发及相关的园艺产品也是琳琅满目，在栽培品种选择上，各种可观赏可食用的优良品种形色越发多样，株型也越发丰富，栽种上也更加轻简。在功能用途上，如蔬菜盆饰造景、插花干制点缀等，都可充分体现蔬菜绿化居室的功能性和艺术性。此外，先进的培植设施、智能辅助设备等走俏市场，还有各类时尚的园艺工具、栽培器物，各式新型肥料、营养液、基质及低碳环保材料等高新技术产品等也得到广大消费者的追捧。

净化空气，美化居室环境

　　城市化进程的加快及互联网的影响，缩减了人们亲近自然的时间，同时也带给人们在传统农耕与城市环境之间的挑战。打造绿色都市，让生活更自然。绿色不仅大大改善了城市的空气质量，降低了建筑物温度，甚至可缓解人们的焦虑，带给人们舒适和安全，更是身心健康的保障。对都市中的人们而言，在城中拥有一片田地是一种奢望，然而挑战在狭小的空间打造出自然清鲜又美丽紧凑的菜园也是件颇有情趣和考验智慧的事。阳台种菜是一种新型的家装技术，是景观，也是开心菜园。在都市巧妙利用阳台空间，从事阳

农业生产，调节家庭小气候环境，让千姿百态的瓜果蔬菜生机勃勃，绿意盎然，在欣赏蔬菜绽放的风姿和愉悦自己的同时，亦可美化城市环境。当然，如果善于利用植物培育郁郁葱葱的家居自然环境，天然"氧吧"也会带给人们更多惊喜和美的享受。

蔬菜是人们生活及居室绿化不可多得的食材和素材。栽培出的美丽蔬菜植物，进行光合作用的过程中可释放更多的氧气，而被誉为"空气维生素"的负氧离子有积极的医疗保健作用，可改善睡眠、清除体内自由基、加快新陈代谢、提高机体抗病能力，有助于人体的身心健康。更重要的是，植物有吸附尘埃、杀菌的功效，可分解室内有害物质，有利于净化空气，改善空气质量，调节家居小气候和美化居室环境，提升生活品质。此外，蔬菜还可遮光降温，在夏季居室外部气温较高时，蔬菜能隔热降低室内温度，如丝瓜、黄瓜其肥硕叶片的天然蒸散作用还能让夏季告别酷热，可以降低室温3～5℃，是天然的降温绿帘。阳台种菜亦可美化城市，增加城市空间绿化面积，丰富空间植被层次，降低城市热岛效应，促使人与自然和谐共生。

绿色生产，保障舌尖上的安全

蔬菜是人们日常饮食中不可或缺的食物。蔬菜的美味源于新鲜、绿色、健康，所谓齿颊生芬，蔬味无穷。阳台种菜倡导绿色、营养、健康、有趣的生活理念，在蔬菜生产过程中保持"自然农法"，拒绝化学合成制品，如化肥、农药、除草剂、植物生长调节剂等的施用，施用有机肥或植物氨基酸等代替传统化肥以满足植物营养需求，解决现代农业带来的如土壤肥力下降、环境污染和能源消耗等一系列问题，从而实现一种自然和谐的现代农业耕种方式。

阳台蔬菜是有机农业的春天，是让人们远离担心和焦虑食物的农残等健康问题，是保障舌尖上的安全最有效的方式。播种、育苗、栽种、管理、采摘……这是一条从源头到终端的食品安全通道，全程都可见证植物的生长，人们吃到的是一种健康无污染的安全新鲜蔬菜，这些被称为"绿色能量"的蔬菜营养全面，味道更为醇美丰厚。在自家阳台每天花费几分钟悉心管理与种植蔬菜，就可轻松种出色彩斑斓、多姿可人的蔬菜瓜果，这是创造美食最直接的途径。这些鲜嫩多汁的蔬菜可随手采摘，随时食用，家庭主妇最为热衷。据报道，国外居民吃的绿色蔬菜有 20%～30% 靠阳台自给。

舒缓压力，调节心情

醉心自然山水，尽赏一树繁花。人们对恬淡质朴的田园躬耕生活及回归自然的追求是一个永恒的主题，接踵并肩的闹市、喧嚣繁忙和快节奏的都市生活方式、空气污染和沉重的工作压力都会引发各种生理和心理问题，使人们渴望足不出户便有一片宁静之所。被倾注了无限关爱的阳台菜园能弥补城市生活不足，而且阳台上立体绿化有利于室内环境的改善，也是具有治愈效果的小花园。阳台种菜崇尚自己动手，崇尚无污染的生态栽植方式，在有限的空间中，填满各种人们喜爱的植物，并综合运用各种设计元素和技巧构建出有视觉冲击力的效果。而且，亲手侍弄植物尝试种菜得到的乐趣，也是愉悦心情、滋养身心的最佳调节剂，还能增进家庭

幸福和睦，满足人们对美好环境和休闲生活的需求。阳台园艺的精髓在于热爱与日常精心照料，同时辅以些许园艺技巧和栽种提示就可以大有作为。

清晨起床就拿着喷壶直接走向阳台，然后每天都在满目惊喜的期待中静候植物发芽、开花、结果，感受劳作耕种带来的乐趣和田园生活的享受。

观察种子萌发的惊喜，体验叶展叶舒花谢花开的心境，看它们生机勃勃地长大会让人倍感惊奇与欣喜，平添生活中的许多乐趣。

斜倚在窗边，静心观赏自家庭院，初夏的微风吹拂着翠绿的菜叶儿，郁郁葱葱的绿色视野，古朴的农耕情调，如同回归宁谧和谐的大自然，对人们的健康和幸福大有裨益。还可躲开外界纷扰，舒缓周围环境的压力，而且照料植物的过程本身也是一种疗愈。

大自然是人类赖以生存和发展的基础，新鲜的空气，优美清静的环境有利于身心健康，陶冶情操。在新冠肺炎疫情期间，人们更深刻地体会到保障食品供给安全的重要性，尝试把阳台开辟成小菜园，种上番茄、马铃薯、黄瓜、草莓等蔬果，不仅能有源源不断的新鲜美味，还能充分活动身体，享受都市田园生活，缓解人们紧张和焦虑的心理。

园艺疗法是通过以植物为主体的自然要素进行相关的植物栽培与园艺操作活动，利用人与植物间的亲密关系并结合园艺活动，达到纾解压力与复健心灵，从而使身体以及心理诸方面达到更好的状态。有的芳香蔬菜自身可散发迷人的香味，这些香味有清脑提神等疗愈作用，如芹菜中含有较多黄酮类化合物，散发出的香气具有安神降压的效果；芫荽中的甘露醇、黄酮类以及芳樟醇等芳香类物质，具有祛风解毒等功效；唇形科

满满的一盆，愉悦心情

的罗勒、薄荷、紫苏、百里香等，全株具有强烈的芳香味，这些酚类芳香族化合物可增添生活情趣，缓解压力，改善心情，有的还有降血脂以及抗血栓形成的功效。蔬菜也是天然的家居装饰品，又有美好的寓意，将蔬菜干制成插画，或将辣椒串成一串，或用洋葱叶片将洋葱编在一起，干燥后就可成为极具有观赏性的和好彩头的饰物，让人幸福满满。

孩子们的自然课堂

阳台种菜，不止于植蔬种菜，亦是寓教于乐和以劳育人的自然场所和有效手段。把阳台打造成孩子们能了解从一粒小小的蔬菜种子到产品收获的全过程，可调动孩子们所有的感官，扩大孩子们的视野，让孩子们俯身倾听自然的声音，激发孩子们对自然的觉察力和探索精神。通过四季展现不同植物之间的形态特点等让人惊讶的小秘密，让孩子们来学习科学知识，感知蔬菜的魅力，撩开大自然的神秘面纱，明白大自然的奇妙无穷，以及孕育植物的神奇。通过亲自劳动，还可培养孩子们的动手能力及优秀的生活品质，让孩子们从小爱上自然观察，探寻万物的奥秘，发现大自然之美，获得植物学和农业生产知识，明白粒粒皆辛苦，一粥一饭当思来之不易。小小阳台，近在咫尺的自然教育，是孩子们认识自然的最好方式，也是培养孩子们科学兴趣的一个鲜活素材，是田间课本，也是孩子们的自然课堂。通过栽培体验可培养小孩动手能力、创意能力与热爱劳动的思想，以及养成勤俭与节约用水，爱护自然环境的意识，孩子们可在充满活力的植物世界中悠闲地度过美好时光，而且可以品

尝到自己参与劳动的丰硕成果，享受到舌尖上的乐趣。蔬菜，大自然馈赠给我们的最珍贵的礼物，随处可觅，随处可种。

阳台蔬菜发展规模

阳台蔬菜是都市农业的一种创新模式，在国外发展日趋完善，最早出现于欧洲及美国、日本等发达国家，特别是英、美等国家早在二战时就已开始都市农业生产，因当时物资短缺，政府鼓励民众自己种菜，自力更生。随着都市农业的不断发展，这些国家很早就将屋顶、阳台等绿化作为重要市政工程项目，而且城市居民日常食用的蔬菜有20%～30%依靠自家阳台生产而获得。在英国，阳台种菜、花园种菜等有机种植理念是公认的一种园艺基本素质，自己种菜已成为一种时尚。在美国，阳台农业产业发展最蓬勃、阳台作物应用也最广泛，纽约、芝加哥等城市均有产业链成熟的屋顶花园农场。而且美国长期致力于将蔬菜种植与城市景观相结合，菜园变花园的可食景观早已成为绿色生活的一种潮流。其高效种植模式令人叹服，甚至一小块阳台，就能打造成为丰产的菜园。人口密度排名世界第二的日本，阳台种菜几乎无处不在，人们甚至不会放过任何一寸可以绿化的土地。日本东京甚至法律推行绿色屋顶，改善生态环境，规定市内建筑的屋顶绿化覆盖率要达到20%，人们可在屋顶自由种蔬植菜，这也将成为日本城市建筑的新模板。我国阳台蔬菜产业起步较晚，20世纪80年代，北京、上海、广州等大城市开始尝试在阳台种植蔬菜，但其设施科技相对落后，而且市民对阳台蔬菜的理念认识也不充分，对阳台蔬菜种植过程中涉及的新知

孩子们的自然课堂

识、新技术掌握不足，多地停留在对传统农业的认识层面并沿用传统的栽培方式。

如今，随着全球都市农业的发展和生态意识的加强，我国对于蔬菜的生产及应用形式也发生了质的变化，阳台农业发展也将推动现代农业向特色发展转型，作为生态城市建设的内容融进城市规划与建设中，并逐渐将蔬菜的生产功能与生态、生活、美学功能相互结合，构建与城市功能相匹配的都市现代农业发展方向。通过开发整合利用各种资源，并结合技术创新，天空农场、一米菜园、城市垂直农场、屋顶农场、阳台庭院菜园等各种蔬菜生产模式被充分挖掘，这种多样的立体优化模式的出现赋予了蔬菜新的发展契机，也使蔬菜的生产过程、功能特性、营销方式和消费观念发生了巨大的改变，充分体现了现代都市与生态农业相契合的发展格局。

阳台蔬菜限制因素和思考

阳台蔬菜作为都市微农业，是伴随着城市快速发展而时兴起来的一种新型精品农业种植模式，是居民利用居室空间平台从事蔬菜园艺，通过优化与调控阳台居室小环境的温度、湿度、光照等条件，提供植物所需水肥，使种植在阳台上的蔬菜正常生长，并满足城市居民对于田园生活的向往和对绿色食品的需求。阳台蔬菜种植是一种空间集约化的生产方式，需要解决阳台小气候制约因素以及相关技术开发等问题，其具有与田园生产所具的作用和优势，但所涉栽培技术、栽培模式及生产设备要求更科学和环保，对蔬菜品种的要求也更趋观赏性与食用性。

与传统露地栽培相比，阳台种菜有着许多的限制因素，如受到建筑场地、结构承重、渗漏问题等限制，同时又受特定的空间环境下温、光、水、气、肥等要素条件的限制。在蔬菜景观营造与设计时，要在一定的荷载范围内进行配置，并充分考虑安全问题。为减轻阳台荷载，选用减少耕作层厚度的举措不利于蔬菜健康生长，故选择质地更轻的基质进行种植为好，一般使用水培、气雾培、基质培等无土栽培形式代替传统土壤栽培。针对阳台或屋顶渗漏问题，建议在着手种菜前应对阳台、屋顶、墙面等种植区进行规划后做防水处理，以防种植区的渗水破坏建筑结构。阳台蔬菜需不断浇水才能正常生长，而花盆或种植箱中渗出的水随时间推移也会对防水层造成一定的损坏，因而在栽种中要注意观察并及时修复防水层。还要注意阳台的空间环境与蔬菜生长发育问题，要充分考虑光照、温度、湿度等因素与露地的差异，在选择品种时考虑植物适宜生长的环境，尽量选择耐贫瘠、耐热、耐寒等抗性强且易生长易管理的品种，如茄果类、白菜类、豆类蔬菜等。阳台种菜水分蒸发较快，要协调好蔬菜与水分的关系，选用保水性好的种植盆器，在蔬菜需要的时候浇水，注意水分的控制，夏季浇水宜在早晨或傍晚进行。此外，蔬菜景观营造也受限于空间限制，在设计上融入园艺理念，科学布局，做到赏心悦目。还可通过季节性变化来提高阳台"可食景观"的效果，可与花格架等进行搭配，也可采用悬挂式以增加立体栽种空间和垂直面的景观效果。在植物品种及色彩搭配上做到高低疏密错落有致，四季色彩协调美观。空间虽小，但要尽量用好每一寸地方，做到因地制宜、适时种菜。

阳台蔬菜发展前景与展望

阳台蔬菜的发展和推广日趋生态化、景观化和情趣化，符合目前城乡融合和"生产、生活、生态"一体化的功能消费需求。在耕地减少，城镇化进程加快的今天，人们对绿色滋润的渴望和对田园生活的向往，促使开发绿地空间资源成为城市生活的基本需求趋向。而在阳台上侍弄花果蔬菜则已深入人心，正成为市民的另一种生活和休闲方式，这也将是未来阳台蔬菜市场需求的趋势。

"民以食为天"。蔬菜与农业文明作为饮食文化中不可缺少的一部分，是几千年来农业文明的重要一环，中国农业文明强调人与自然的和谐统一，其先进的生态文明理念是维系中国农业可持续发展的重要因素。中国至少在汉代已经形成了一套精耕细作的农业体系，精耕细作意味着在土壤的肥力保持、农田水利建设、农业科技、农业工具更新各个方面都有了非常大的进步。在精耕细作农业形成之后的两千年间，祖辈们不断创造，根据各地的气候、土壤和地形状况，发明了很多极富智慧的耕作方法，充分展示出国人的高度农业智慧。

在土地资源严重缺乏的都市，阳台种菜作为一种新型农业种植模式，是现代家庭园艺生活的一部分，也是一个方兴未艾的朝阳产业，发展空间巨大。阳台种菜拉近了人与自然的距离，平添了种菜的乐趣，丰富了城市绿化空间的层次，为城市景观提供了一种与农业结合发展的新模式。而且阳台蔬菜倡导环保、低碳生活，打破了传统农业的局限，缓解了严重的城郊耕地问题，扩大了蔬菜立体栽培空间，增强了食品安全，减少了食物里程，节约了家庭开支，是一种无污染、高品质、可持续型发展的现代生态农业模式。阳台种菜可以充分利用厨余垃圾制作堆肥并应用于生产中种出有机蔬菜，是生态环保意识崛起下颇受关注的农耕习俗。但基于阳台自身特点和承重荷载能力及空间培养条件的限制，以及阳台蔬菜栽培中存在的问题，如蔬菜种植对水分有一定的要求，要求植株抗逆境能力强，体型小、生长快、可食部分多，具有明亮色彩或香味等特性，而这些特性也是空间植物种植具备的重要因素。

阳台蔬菜设计与布局

　　一蔬一菜皆是灵物，一园一圃尽是闲情雅趣，一颦一笑皆为人间真情。从园艺空间构建、四季蔬菜布局、植物颜色搭配等基本准则开始，将古老的农耕文明和现代种植技艺相结合，用赋予诗意的创意设计，打造满目惊喜的阳台。

　　空间弥足珍贵，理应物尽其用。阳台是居室建筑物的外延，是室内居住空间的宝贵视觉延伸，亦是与外界相沟通的生活平台。随着都市生态农业的不断发展和家庭园艺热潮的持续，人们更愿意种植一些有着绚丽多姿色彩的果蔬来打造园艺景观，在美化都市空间的同时又满足日常生活的需求。果蔬式园艺景观是当今流行的一种形式，这种让蔬菜、花卉、水果、香料植物在阳台、露台、窗台、屋顶、庭院等有限空间中共生，内外之间相互联动、交相辉映，并将园艺技术与生产、生活及美学等特色功能融为一体的趣味栽培活动，可将咫尺阳台装扮成一个既可欣赏其优美动感，又可摘食其鲜叶嫩果的好去处。"久在樊笼里，复得返自然"。通过小小阳台，让人们更加便捷地亲近与回归自然，享受花红柳绿蔬果香的乐趣和悠闲写意的田园生活，这是其他园艺植物和花卉无法媲美的。

　　小空间、大利用，阳台蔬菜的发展需要空间技术的应用。如何在都市丛林里打造绿意盎然的小小菜园和休憩空间呢？

　　作为一种新型的园艺产业，阳台园艺是一项复杂的工程，包含景观设计、栽培管理、植物保护等环节。阳台作为连接室内与外界的桥梁，是我们身处居室却能与大自然最为亲近之处，亦是人与植物和谐共处之地和人们放空身心的好归宿。在寸土寸金的都市，要创造人与植物两相宜的幸福阳台，需要科学规划，合理布局，努力创造光照充足、通风良好、排水顺畅的环境。与传统园林相比，利用可食的植物进行景观营造会带给人们更多愉悦感和私密感，因而设计及布局的作用就更为凸显，景观建设要精确到每一寸空间，既要贴近室内布局，又要贴近日常生活，力求空间立体化和功能多元化。

受阳台局促的面积影响，在选择园艺景观时，应考虑阳台的朝向、类型、形状、大小、承重力及屋内装修风格和人们的喜好，平衡好开放空间同植物、盆器等元素之间的配比，构建层次感丰富的空间。并根据阳台朝向以及封闭情况确定采光条件，将蔬菜、芳香类等植物相互组合搭配，在有限空间内多元叠加，与造景完美结合，呈现"曲径通幽"之效。如何充分利用小小户外空间让它焕发活力，并非一成不变，但只要有一处室外空间，阳台也好，窗台也罢，无论多小，都可以通过景观设计和风格的运用将其变成极尽赏心悦目的蔬菜种植天地和美味的阳台景致。

设计法则：从理想菜园的设计开始，将基础设施建设融入设计元素

阳台蔬菜强调创意设计理念，在设计上要根据阳台实际情况和用途进行精心布局，打造实用又美观的种植空间。从阳台或露台的基础设施建设如通道、地面、墙面等构架开始设计，综合运用各种设计元素和技巧，如延伸空间的地面或墙面、生长在花盆中的植物、造型简单精致的摆设、舒缓的流水、轻柔的声音、柔和的灯光等都是不可或缺的设计元素。在绘制草图时，先确定设计理念，根据阳台形状位置，配合居室环境，尽情发挥各种设计想象，选择自己喜欢的风格，测定好边界地、露台或庭院墙间的距离，标记出阳台上的所有设施，如栅栏、格架、篱笆墙、种植盆器、休闲桌椅、玻璃幕墙、收纳存放空间等，构思在什么地方种植何种植物，使阳台或庭院的构造符合所种植物自身的特点，或使其接近自己的理想菜园，并仔细规划好种植区和休闲区，细细推敲每一寸空间，然后不断修改直至完美。通过采用简洁的设计，并考虑整体效果及朝向的影响因素，构建出有视觉冲击力并能表现

从简单的草图开始，构建美丽与实用的阳台景观

其美丽与实用之处的蔬菜阳台景观。此外，不同的阳台，器具或物品的摆放方式会有差异。被蔬菜花坛包围的阳台，可在铺有地砖的空地上摆设原木的小长凳或花园桌椅。阳台面积较小的，在设计时应考虑充分利用垂直空间，可将蔬菜设计栽种在垂直的墙面，以让地面有更多的活动空间，同时也平添了视觉效果。还可在设计上营造视觉焦点，如选择独特外形、材质或颜色的强焦点物品，从视觉上拉长空间，使空间看上去更加简洁。地面除考虑通道的实用性，木地板、铺路石、园艺砖、枕木、景观挡土墙及各种形式和材质的素材也都可张弛有度地组合出令人印象深刻的景观效果。挡土板也可使单调的种植区产生高低差和空间景深效果。

简单规划好阳台种植空间，打造简约干净又能收获植物的阳台

阳台是居室的外延，是最恬静安适的地方，只要精心设计布置，如引入各种立体结构框架，或充分利用多产的吊篮，搭配各种垂悬植物及花盆，并错落有致地摆放在恰当的位置，或巧妙利用支柱，让攀爬的蔬菜植物顺着支柱演绎立体效果，就可以将狭小的空间轻松打造成一块物产丰富的阳台菜园。甚至还可以将喜欢的睡莲等水生植物搬到阳台，营造出自己喜欢的氛围。若是阳台或庭院空间足够大，那么则可以随"心"设计，建造铺设有园艺砖的通道和地面，划分不同的栽培区和生活区，或在角落里种上一棵树形紧凑的香椿，再或种上一棚洒脱多姿的瓜豆，任叶长花开，还可在苍翠的杂木中搭配上桌椅、灯光、流水，打造出一个远离喧嚣充满禅意的宁静之所，又可在叮咚的滴水中尽情栽种各式时蔬花草。

即便是最简单的规划，也会让我们了解自家阳台种菜的区域、面积和空间尺寸大小，知道匹配多大的种植箱，采用何种种植方式。亦可用感观上的简约干净，进行大胆而简单的设计，获得生活最本质的元素。打造阳台蔬菜的重要一点是保持与室内设计风格相统一，要将阳台与处所居室或庭院的环境结合起来当作一个整体进行空间设计布局，并将每一元素都看作是设计中的一部分。当然，也要考虑庭院或居室景观与其所傍的建筑及四季更迭的自然环境是否相和谐，在设计上要融入周围环境，创造视觉深度，让居室内外之间相互联动，视野从内及外、从远及近、由小及大，将日常生活的任何一处要素融入审美物象，变成眼中的焦

依据阳台朝向摆放植物

点，并通过吸引人的创意设计，使这种富有空间层次的观感在阳台或露台中得以实现。还可根据空间情况，仔细斟酌，利用地面与棚架、壁面与花丛营造出视觉焦点和立体感，结合喜好和使用目的进行艺术元素创意，选择有代表性的植物成功装扮犄角旮旯、窗框护栏，让阳台在惊喜中有一抹宁静，让人感到舒适、雅致。

设计法则：渗透自然美学，合理规划布局

想法众多或者颇具格调的园艺设计规划会让你欢天喜地，也会让你望而却步。为避免出现错误，确定规划、着手打造前，莳养者要尽可能多掌握相关知识，了解不同季节植物的生长信息，并依植株形态、叶色、花期、最佳采收期等特性选择品种。还要考虑这些品种与优雅居室或庭院的环境是否协调，之后再根据阳台的光照分布情况及植物的生长习性特点，规划植物展现魅力的季节，旨在栽种中充分体现顺其自然的和谐之美。此外，植物色彩、质感、株高、形态、生长期、花色、挂果方式及蔬菜种类、布局、配色等也都是考虑的因素，而且还要控制装饰物品和太多风格的盆钵及植物数量，让它们相互渗透，浑然一体，以营造更开阔协调的连续性景观。

小空间满当当地种上杂乱小植物会造成视觉上的拥挤，混杂的花色和样式会使空间显得更加闭塞和零乱，密不透风的景观是阳台设计之大忌。在阳台上，尽量搭配原有材质的材料，增加表象的尺寸，可以匹配墙脚、边界栅栏等，材料的色彩、纹理、质感和装饰系列尽量简洁，避免造成视觉上的压迫感。利用好每一处空间，为景观创造出大气的连贯性，会显得阳台与居室大而空旷，感受到空间的完美和大自然生长的烙印。此外，考虑到植物配置的设计及色彩的平衡，可在绿色基调的阳台中穿插暖色或自己喜欢的颜色，让阳台有跳跃感。还可用月季或苦瓜绿帘作为阳台栽植素材装饰建筑外墙，给周围的风景增添色彩。植物色彩上，可精选少数装饰阳台的蔬菜花卉，并聚大丛摆放，或集中种在一起当作背景，作为引人注目的焦点。如果阳台的位置尴尬，或空间限制了植物数量，那在充满神奇魔力的墙面上，营造丰富垂直景观，创造优美的视觉形象，可先试试营造一片优美的蔬菜植物幕墙当艺术画作吧。或设置网格花架，将无限蔓生的圣女果和攀缘藤本黄瓜横向引导蔓延生长，或牵引枝条让其攀缘其上，形成绿植墙。

当然，在阳台设计与改造中，也要注意各种禁忌。一是要注意阳台地面渗漏问题，要做好防水层及修复工作，避免对地面及墙壁造成渗水的可能。二是要考虑阳台荷载问题，尽量将大而重的盆器靠阳台内侧摆放。阳台地板的荷载力通常在每平方米250kg左右，如景观设计中的要素超出阳台承载能力，则安全系数会降低。三是做好修枝整叶、清除病残株、摘除老叶病叶、清洁及病虫害预防等工作；及时整理园艺工具，修复破损的物品，为现有设施刷漆或去污；保持阳台干燥，勤给花草浇灌，并种植防蚊花草如薄荷等驱虫。此外，还要防热气集聚，及时通风，尽量确保干净清爽，否则就会弄巧成拙，杂乱无章的阳台会成为蚊虫的滋生之地。

设计法则：根据阳台朝向，巧妙布局植物

阳台按不同的分类方式可分为多种不同的类型，常见是按封闭程度划分为开放式和封闭式两大类。开放式阳台通风好，光照强，适合的植物种类多，但高楼层则需考虑风力因素，宜选择更加强健的植物。不管是开放式还是封闭式，阳台的朝向、栽培空间与适栽植物种类至关重要。进行庭院规划时，要思考栽培空间，要研究栽种的植物和栽种地点，选择什么样的栽培空间及该空间如何规划，是盆栽还是庭院栽。要对自家阳台的日照条件等现状有客观认识，阳台面积、朝向、通风情况、排水情况或庭院的土壤状态，或哪些是背阴处，这些都要仔细查看，即便是朝向好的南向阳台，也是有的地方光照好、有的地方光照弱，有的为全日照、有的为半日照，有的区域干燥，因而要在阳台种植区标记出半阴区域、光照良好区域或干燥区域。

不同朝向的阳台或位置应该匹配种上不同的果蔬，即在种植技法上要根据阳台朝向选择蔬菜，在栽种时要将喜阳的蔬菜主要种在全日照区，将耐阴的蔬菜或香草等种在半阴地方。而且在茬口安排、品种选择和布局上还要对植物进行适应性筛选，以品种特性作为选择依据。在花卉、香草、杂木共存的阳台中层层叠叠建造美味，选择能够健康生长并能提高阳台整体美感的植物是重点。尽管受栽培空间和面积所限，但只要充分有效把握各种素材，并尽量选择株型紧凑、色泽丰富、美味可口、观赏食用兼可的中小型果蔬和叶菜类品种，并能确保它们在狭小空间轻松培育，就能打造出一个色彩绚丽的菜园。此外，为有效防治病虫害，促进植物苗壮生长，要有意识地将相克植物分开，将互不妨碍或和睦相处的相生植物混栽在一起，共生共荣。

南向阳台设计宝典

南向阳台采光通风极佳，属于全日照环境，日照时间长，空气湿度低，夏季有柔和的微风，冬季亦有温暖的阳光，是所有朝向中最完美的栽种环境，特别适合种植喜光向阳的蔬菜。而且，几乎所有蔬菜、花卉、香草都是在全日照条件下生长最好，这对于喜爱种蔬菜作物的来说，南向阳台是阳光照耀的风水宝地，具有可随性选择的先天优势，因而在设计上可根据四季变化进行大胆尝

在层层叠叠中制造美味

试，采用多层立体栽培和混栽模式，或设计花架分层摆放，充分利用光照等自然条件和有限的空间，让植物苗壮成长。网格花架宽度及层高等尺寸规格根据阳台光照实际情况及所栽种植物特性进行调整和选用。还可用花格架、棚架、花柱、围栏、支架或栅栏等设计具有立体感和各异奇趣的景观。盆栽蔬菜则可依据叶色、株高等调整摆放位置，为阳台增添景观变化。

南向阳台四季丰盈，夏季蔬菜最是繁茂，茄果类蔬菜如茄子、辣椒、番茄等收获的乐趣可以从5月延续到10月。夏季蔬菜收获后，开始种植耐寒性为主的植物。春天，待寒潮已退，夜温不再骤降，便可尝试培育生菜、小白菜、樱桃萝卜等速生菜。3～4月，则开始为夏季喜光蔬菜播种育苗做准备了，如番茄、茄子、辣椒、黄瓜、苦瓜、西葫芦等都是喜光植物，在温暖的春季，阳台上要早早规划好育苗及栽种空间，4月底或5月初这些精心培育的蔬菜幼苗就可定植在规划好的阳台空间，它们可以与豆类蔬菜或香草如迷迭香、罗勒、紫苏等混种在一起。直到漫长的夏秋季节，都可享受花果的美味与水灵。8月底至9月初，则开始播种和培育喜阳的秋冬蔬菜，如西兰花、羽衣甘蓝、花椰菜、卷心菜、紫菜薹、儿菜、芥菜、大白菜、莴苣、胡萝卜、芜菁等。进入金秋时节，天气渐凉，夏季蔬菜已拉秧近尾声，南向阳台又可重新设计规划，让秋冬蔬菜粉墨登场改变阳台模样。冬季南向阳台，白天阳光灿烂，晚上温度骤降，大多数绿叶蔬菜为适应环境变化，会开启"防冻保护模式"，用增加细胞液中可溶性糖来提高防冻保护。所谓经霜蔬菜特别甜，如栽种得法，隆冬时节至翌年3月便可陆续收获脆嫩甘甜的叶菜。此外，莲藕、荸荠、水芹菜等水生蔬菜及多年生蔬菜如黄花菜也适宜在朝南的阳台种植，在设计上要根据季节选择栽种这些植物，然后再根据空间严格规划，并将抗病性强、花茎延伸长的蔓性玫瑰或蔷薇及各色花

采用铁制网格架，让不断结果的番茄向阳生长

草栽种于南向阳台，攀缘在拱门或棚架上，便可营造一个生机勃勃的惬意菜园了。

⚠🔍 但要注意，高温多湿的夏季对有的蔬菜幼苗而言是严酷的季节，温度过高生长受到抑制，且高温高湿下病虫害加重，管理难度加大，如缺水会很快萎蔫。

北向阳台设计宝典

北向阳台背光，光照相对差，以散射光为主，但夏季会有短暂的阳光直射，相比南向阳台虽更为凉爽通透，若耕种得法，照样菜盈顷筐。所以完全不必为日照不足而沮丧不已，而且不同背阴处光线强弱和阴影程度在一天中不同时段也不同，同时还会受季节的影响，高日照的夏季背阴空间较小，而低日照的冬季背阴空间则较大。可根据日照变化，采用盆架、花架、网格架提升植物高度，增加空间层次，让高低落差的花盆植物获得更多的日照。应尽量选择宜在背光环境中生长的阴生、耐阴蔬菜种植。生姜、襄荷、水芹等耐阴，在背阴处种植，只要确保通风及排水良好，亦可茁壮生长。北向阳台蔬菜选择范围最小，在植物的合理选择上，可巧妙利用背阴处光影交织、趣味盎然的独特魅力，培育对光照条件要求较弱、耐阴且生长周期短暂的蔬菜，如在秋冬季节可选择莴苣、菠菜、茼蒿、蒲公英、大蒜等，在春夏季节则选择空心菜、木耳菜及芳香类蔬菜等。生菜、芹菜不耐强光，也可在北向阳台全年栽种。此外，还可选择多年生的韭菜、芦笋、香椿等，或者选择芽苗菜如松子苗、绿豆苗、白菜苗等快菜哦。

⚠🔍 当然，尽管北向阳台自然采光较糟糕，但可采用人造光源如LED灯补光的方法种植蔬菜。

在北向阳台，蔬菜花开的美景也可尽收眼底。在晚春、夏天、立冬前可选择种植一些耐阴和喜阴的花或低日照条件下易开花的植物，尽管大多蔬菜或花卉都喜阳光充足，但并非终年整日都需要光照，如早春至春季开花的植物在早春喜阳，在夏季喜阴，红叶脉的酸模配以三色堇，会提升背阴面的亮度，百合花、绣球花、马蹄莲等耐阴性强的植物可让半背阴的空间显得清新。红薯、蕹菜、生姜等短日照植物，在晚秋也可以开出美丽的花。生姜不喜欢全日照环境，没有阳光直射的半日照环境或是在高大植物的遮阴处都特别宜栽种。有的玫瑰品种不适应夏季强光环境，可选花开四季、枝条柔软、延展性好的玫瑰品种种于北向阳台，还可设格桑或工艺铁柱或锥形花架增加层次感，让花形华丽的蔓生蔷薇、挂满果实的耐阴瓜类、开满蝴蝶花的豆类攀附生长，获得更多光照，同时配以耐阴性强的勿忘我可以花开整个春夏季节。将花与蔬菜融入生活，彰显它们的存在感，也会颇具浪漫气息，让人备感喜悦。

东、西向阳台设计宝典

朝东、朝西阳台为半日照，相比北向阳台日照充足，气候温和，在冬季亦有4h以上的光照，除一些极喜阳光的蔬菜，在东向、西向阳台几乎可以毫不费力地栽种任何植物。朝东阳台光照舒适，有较长的光照时间，夏季可避酷晒、冬季可少严寒，适宜种植喜光耐阴且耐寒性和耐热性好的蔬菜品

根据阳台朝向，选种不同植物

绽放的阳台蔬菜

种，可选择莜麦菜、韭菜、葱、香菜、油菜、姜、萝卜、紫苏、番茄、茄子、罗勒、丝瓜、苦瓜，还可种植不常打理的大叶南瓜及开满小白花的葫芦等，也可以栽种常用的能给食物增色提香的香草类，如罗勒、薄荷、紫苏、迷迭香、百里香等。此外，东面阳台还可灵活利用植被特点打造阳台边角，如以喜高温不喜潮湿的香草为背景，搭配种植色彩丰富明快的植物。

在西向阳台，可充分利用栅栏及设置高低不同的支架，让栅栏上的植物渐渐铺开，形成一片郁郁葱葱的空间和阳台景致，使空间富于变化，看起来更为清爽。春季可选择在阳台角隅处栽植一些蔓性或植株株型高大且耐高温的蔬菜，如苦瓜、黄瓜或丝瓜，让它们在栅栏、墙面攀附绳网或沿着窗边生长，让绿色爬满栅栏，其苍翠的绿叶和娇黄的花朵形成的绿色窗帘用来抵御夏日的强光照，使人倍感清爽。在花开较少的秋季，唇形花科的紫苏或青绿的迷迭香等短日照植物亦可点缀其间。当苦瓜等绿色帘幕落幕时，可在孤单的栅栏上，挂上绿叶蔬菜组合，为冬季做准备。夏季是阳台蔬菜最热闹的季节，也是日灼病多发季节，蔬菜很容易在这个季节因高温缺水而萎靡不振，特别是朝西阳台日照西晒时，炙烤暴晒会使某些蔬菜叶片和果实的向阳面产生日灼病，表现为组织坏死变硬，然后腐烂，轻者落叶，重者死亡。此时，一定要注意防晒降温工作，要小心蔬菜受到晒烤死亡。最重要的是一定要及时补充水分和养分，可在土中加入泥炭藓用来保湿。另可悬挂一层遮阳网，或保留足够多的叶片保护果实的受光面积，减轻日照伤害。

表1列举了不同朝向阳台适宜选种的蔬菜品种及其管理要点，仅供初学者参考。

表1 阳台朝向与蔬菜品种的选择

阳台朝向	栽植条件	蔬菜品种	主要栽培管理要点
南向阳台	全日照环境，采光率好，阳光充足，日照时间长，夏季温度高	可以选与露地生产一致的品种，可栽种番茄、辣椒、茄子、黄瓜、苦瓜、豇豆、白菜、百合、薄荷、迷迭香、罗勒、紫苏、莲藕等	夏季注意防晒降温；基肥充分腐熟，肥水勤施；保水保湿，通风透光；及时摘除病叶、老叶
朝东、朝西阳台	半日照环境，日照时间长，直射光5h以上，夏季西阳台温度较高，日晒严重	大部分蔬菜都可很好地生长，如快菜、莜麦菜、韭菜、洋葱、香菜、萝卜、生姜、辣椒、四季豆、丝瓜、苦瓜、南瓜及香草等	依各季节光照强弱采取遮阳措施，夏季搭建花架、网架或小型遮阴棚；早晚勤浇水，注意保水保湿，加强通风透光；及时修整植株；注意防日灼病，在夏、冬季节加强保护措施
北向阳台	自然采光弱，光照时间短，热量少，冬季北风影响大，气温低	选种耐弱光、株型紧凑的蔬菜，如莴苣、菠菜、茼蒿、韭菜、葱、大蒜、生姜、洋葱、木耳菜、蒲公英、空心菜、芦笋、香椿、蒲公英及芽苗菜等	通过支架等让植物充分见光，冬季防寒、防北风，夜间可盖上塑料布保温，气温低于0℃须有保温和取暖措施；保水保湿，加强通风透光，及时清理残枝败叶；采用LED光源

Part 3

阳台蔬菜种植形式

对于喜欢的蔬菜植物，可在自家阳台努力创造出适宜它们生长的条件，并仔细规划空间和种植形式。布置好一个生机盎然的阳台当然颇费心思，但当你用心去尝试用合理的布局来容纳大量的蔬菜植物时，阳台美景总会如约而至。

阳台种菜形式

随着我国农业技术的飞速发展，蔬菜无土栽培在阳台农业中得到广泛应用。目前阳台无土栽培的主要方式有水培、基质栽培和气雾栽培。采用无土立体栽培技术，可以让栽培管理更简便，病虫害易控制，且操作简洁，高效、实用，有利于保持阳台环境干净清洁，甚至实现了营养液自动循环系统、空气自动循环系统和人工补光系统等，为植物营造良好的生长环境，以生产出健康高品质的蔬菜。

为了解决阳台空间有限的问题，阳台设备装置已经形成较多的方式，如梯架式、管道式、壁挂式、立体柱、栽培柜等。现阳台农业和屋顶农业广为流行的立体式管道栽培就是由若干PVC管材组装成管道容器，并与无土栽培相结合组合成的一个可供营养液循环的无土栽培系统。管道栽培操作简单、洁净，而且适合管道栽培的蔬菜品种多样，有生菜、芹菜、番茄等，成为时下的新宠。

水培蔬菜

水培

水培又名营养液培，是指将植物根系植入装有营养液的栽培器皿或水槽中，通过安装营养液循环水泵系统，定时开关控制循环水泵启闭，驱动栽培系统营养液间断性进行循环流动，向植物提供水分、养分、氧气等生长因子，使植物能够正常生长发育。水培系统关键部件为循环水泵，通过水循环装置保证营养液循环流动，避免植物根部因缺氧产生烂根现象。水培栽培容器有条形管道、箱体式栽培箱、立体式栽培架等。

气雾栽培蔬菜

气雾栽培

气雾栽培是指将植物根系裸露在栽培装置腔体内部，营养液通过喷雾装置以雾化的形式直接向植物根部表面进行喷洒，提供植物生长所需的水分和养分。气雾栽培使植物根系处于适宜的环境条件下，给予植物根部充分的生长空间，具有节水、增产增效、减轻环境污染等优势，但此栽培设备复杂，成本比较高。气雾栽培方式主要有立柱式、金字塔式、梯形式。营养液是气雾栽培中植物赖以生存的关键。

基质栽培

基质栽培是利用岩棉、蛭石、珍珠岩、泥炭、草炭、椰糠、稻壳、锯末、菌渣等固体基质固定支撑作物根系，通过浇灌营养液或施用固态肥，为植物健康生长提供必需的养分、水分和氧气的无土栽培技术。根据基质的种类分为有机基质栽培、无机基质栽培和复合基质栽培。基质成本低，而且富含营养，目前，我国阳台蔬菜普遍采用复合基质栽培。

基质栽培

混合栽培

混合栽培

混合栽培是一种将土培（基质培）、气培、液培结合的盆栽植物栽培模式。通过栽培容器的革新，可解决根系的水气矛盾和传统栽培容器由于底部排水孔导致的泥水流失的问题，使栽培、管理更便捷卫生。

阳台空间规划

阳台种植方式多样，其种植技术不受限于空间选择，有着多层次的立体结构设计，已从平面栽培发展成立柱式、梯架式、壁挂式等多种方式，如壁挂式蔬菜绿植墙、移动式多层种植箱、藤棚式栽培架、蔬菜盆景等，可根据阳台空间状况选择布置，可层叠、垂悬、平铺，力求呈现效果和房屋整体有异曲同工之妙。当然，盆盆钵钵花花草草的科学布局与摆放是一门艺术，应有规划，否则大大小小的花盆会占掉仅存的生活空间，而且盆中之蔬总显局促而不舒展，故应充分挖掘每一寸空间的价值，每一细节的诠释都要体现出对精致雅趣生活的追求。怎样才能不浪费阳台充足的自然光，让它洒满阳台的各个角落，则需要根据自家阳台的日照及通风条件，找到最佳的搭配方法。不管是狭长类型的还是宽阔类型的阳台，最好在植物高度搭配上要有层次感，尽量营造垂直空间上的落差和恰到好处的高度，要了解植物在垂直立面上的生长习性，并利用空间上的高度落差营造出更有深度的阳台，让蔬菜宝宝们在光与影之间茁壮成长，完美绽放，在视觉上更吸引人。如营造出一面清爽且能遮光降温的绿植墙，利用原木植物架和铁艺架或设计好的小花格架，或者用小麻绳让非常适合攀缘的植物生长，让它们沿支架缠绕叠翠。当然，不用植物架，一样可以打造出看点十足且具有高低落差效果的阳台。如阳台的高层可利用长长短短的吊篮种植蕨菜、豆瓣菜，如果想挑战种植方式，那么让樱桃番茄在阳台倒悬着生长也别有一番风趣。同样，在角落的梯子上摆放上植物也可很好地利用光照与空间，这些承载着小小幸福的梯子也可用作花架成为漂亮的种植展示台，足以满室生辉。

营造一面清爽自然的种植空间

在阳台蔬菜的空间布局和选择基于美学的植物之上，植物也能让空间更有自然气息。有很多方法能够为缺乏吸引力的空间赋予生机和活力。垂直空间的利用，不占用有限生活空间，就可打造满眼绿色的垂直菜园，这种把传统的农田作物旋转90°的革命性耕作方式，不仅能够节省空间和资源，而且将蔬菜或花草等作物栽种在垂直的墙面上，既增加了生产空间，也增添了视觉享受，还可使住在都市丛林中的居民有回归自然的乐趣。

阳台中高层

日照充足，通风透气，可选种直立生长，叶色鲜明、纤长、优美的蔬菜，如莴苣，还可选种具肥厚巨大的深色叶片的蔬菜，如茄子、各色羽衣甘蓝等。

阳台中下层

可选种一些耐阴或喜阴的叶类蔬菜，其形态、质地和颜色可以丰富交错，如萝卜、蕹菜、木耳菜、韭菜、菠菜、生菜、芫荽、叶用甜菜等。

阳台下层

可选种喜水或潮湿环境的蔬菜或水生植物。若是阳台面积足够大，在布局简单的环境中，还可设计一块水生区域来营造水景，形成一个生态较稳定的植物群落，但应注意后期维护，严防渗水漏水，应当充分了解植物在垂直立面上的生长习性，在有限的环境基础上选择适合的植物。按照水生植物生活方式与形态特征进行种植，如选用植株挺拔的挺水型水景植物莲藕、荷花、菖蒲、慈姑、茭白及浮叶型水景植物睡莲、芡实、荇菜等时，要遵循一定的美学和生态学原则。也可种植开花的植物，如用百合与香草遮挡墙根边角，平添许多绿意芬芳。还可根据植物的生长习性和整体景观要求进行布置，在营造精致水景时尽量选用移动方便的容器栽植。作为装饰用的水景可以是喷水池，也可以用汩汩水声来动态布置储水的容器。若阳台面积较小，还可建造自循环水泵的墙面喷泉。夏日的夜晚，清凉漫长，观闪烁微光，听水儿叮当，生趣盎然，一池清水的阳台，都可营造出"掬水月在手，弄花香满衣"的意境。

阳台蔬菜布置形式

阳台蔬菜布置具有多种形式，在阳台上种植蔬菜，有效利用空间至关重要。如果北向阳台或一块半阴的地块则要活用空间，考虑棋盘式种植，种植区域的墙面或地面铺装颜色尽量选用清新恬静的浅色，或给水泥地面铺上具有鲜明自然气息的木纹地板，更显光泽与宽敞。而且浅色系白天能反射太阳光，夜晚可保持地面土壤温度，都利于蔬果的生长，能更好地诠释出人和植物相处的温馨和谐之美。日照良好的南向阳台，则解决好如何利用适合的栽培容器进行合理的栽培。此外，狭长的阳台上，也要充分考虑通风条件，高效利用好阳台上的墙壁、围栏、花架及每一处空间，让蔬果花卉充分见光，向阳生长。蔬菜大多要向阳栽培，对于那些较难照射到阳光的地方，尽量充分利用带支架的栽培容器让植物的叶子沐浴到阳光。如将适宜栽培的植物贴墙放置时可制作一定高度的支架、花架、网格架进行摆放或吊置花盆；如果是大的盆器，则可采用带万象轮设计可随心挪动的花盘。提升高度且高低错落的花架能让空间利用更具立体感，但要选择能稳固承受盆栽重量、不摇晃的花架。若采用墙体格栅，可将花架倚墙而立，供瓜类、豆类等藤蔓植物蜿蜒其上，自由生长，这比直接放在地面更有利于排水、通风。还可以制作尖塔式攀缘架，搭配观赏盆栽蔬菜摆饰，让整个区域更具观赏价值。也可在阳台围栏或墙面上装上具有异国风情的多功能悬挂式铁艺花架。另外，为了不妨碍视线，可将围栏上的横板留出大空隙，营造出视野开阔与适意的空间。挂在栏杆上的绿植要注意挂在阳台内侧，同时也要做好安全措施，最顶层放置培育的幼苗和需要浇灌的绿植，土壤、花盆、工具放在下层空间。

总之，收获幸福菜园的秘诀就是根据栽种需求规划每一层空间，采用立体栽培，在不断更换与搭配的植物中萃取灵感，花开花落，此消彼长，恰到好处地利用每一空间，并全方位利用这些富于变化的空间，高效率栽种蔬菜。

在吊篮中摇曳的叶片

设计要融入周围环境

　　摆盆式是将蔬菜栽植于不同大小、造型、材质的盆钵中，然后再将各种盆栽按大小、高低等，依次摆在阳台的地面或装有金属套架稳妥固定的护栏上，是最常见的阳台造景方法，但要注意表现高低错落的层次感。

采用A形层架栽培

采用层架基质槽栽培

置于阳台外墙上的混栽盆，尽显生命之趣

让植物充分见光，向阳生长

悬挂式

悬挂式是指利用吊盆等将植物悬挂在阳台的立体空间，特别适合于小阳台。悬挂方式有壁挂式、吊盆式等。也可采用特殊容器，将植株倒悬着向下生长。选用的植物最好属于枝叶自然下垂、蔓生或枝叶茂密的观花、观叶类，如蕹菜、红薯、草莓等。悬挂时，吊盆外形与颜色最好能够搭配和谐，高低错落地布置，或者把3～4个吊盆用同一条绳串在一起，更能增加阳台的美感。为高效利用空间，还可让乏味无趣的墙壁也因吊挂盆栽而变得秀色可餐。

自制挂架式容器栽培

吊盆式栽种番茄，营造视觉焦点

蔬菜的种植形式和摆放不要仅仅拘于阳台，也可将栽种配置好的观赏蔬菜同样运用到客厅、餐厅、书房、卧室、飘窗、栅栏及外墙面等美化设计中，就算是在窗台外安置了一个装有泥土的简单置物架，只要我们在植物需要时浇水，这样的窗边亦可呈现"春色满园关不住"的景致。

春色满园关不住

阳台栽培植物的种类

在四季变更的叶色下，摇曳低垂的百合，玲珑可人的圣女果，清香幽远的韭花，阳台上记录了每一季节的停留与眷顾。哦，选择在小阳台上栽种植物可是件令人眼花缭乱的事，光是可供选择的可食种类就多如繁星，令人生畏……

阳台栽培的植物以具有观赏价值的食用蔬菜为主，用果树、花卉及攀缘、芳香、多肉等植物进行点缀。可根据阳台空间及光照条件，选择适宜不同季节栽培的蔬菜种类，通过植株形态及果实、叶片形状与颜色的变化，打造不同的阳台景观，赋予阳台空间生机和活力。可种植色彩鲜艳、口感好、生长周期短、病虫害少的品种，如茄子、辣椒、樱桃番茄、黄瓜、拇指西瓜、西芹、韭菜、薄荷及十字花科的绿叶蔬菜等，从阳台奉上餐桌，一年四季呈现出美景与美味。根据光照的局限性，亦可按功能选择适宜的植物规划，让缺乏吸引力的空间活色生香，让风情万种的瓜果蔬菜在舌尖上舞动。

阳台上尽可能多种植不同品种的植物，如一些球茎类的葱属植物，还可选用蕨类、苔藓和灌木等园艺作物。虽之简约，但也最能贴近自然。蔬菜的布局、植物的选择自然安逸，使春天阳台景致呈现欣欣向荣的自然现象，这样可在静怡的空间享受着惬意的生活。夏天阳台风光无限，阳台蔬菜品种选择更趋于观赏与食用兼用性要求，外形美观、色彩艳丽又尝之美味的种类，更富于情趣与温度。此外，在尽量增加蔬菜种类和色彩的同时，也要充分考虑增加产出量。

我国栽培的蔬菜有100多种，普遍栽培的有40～50种，同一种类又有许多不同的品种。

蔬菜作物范围广，种类多，功能保健型、赏食兼用型等各色品种丰富多样，阳台上计划与栽种什么呢，这一问题将不断促使你学习相关栽种知识和了解蔬菜作物的生活习性，但这也将成为你园艺生涯中让你心生喜悦和最富情趣的部分！随着人们对多元品种的需求性增强，蔬菜种类也日益繁多，光生菜就有很多种，有紫色的、绿色的，有尖叶的、赤裙的。蔬菜一般常按其植物学特性、食用器官和农业生物学进行分类，但从栽培角度看，以农业生物学的分类较为适宜。本书将从农业生物学和观赏角度及食用部位对阳台蔬菜进行分类。

按农业生物学分类

根菜类

指以膨大的肉质直根为食用部位的蔬菜，包括萝卜、胡萝卜、大头菜、芜菁、根用甜菜等。生长期喜冷凉的气候，在生长的第一年形成肉质根，贮藏大量的水分和糖分，到第二年抽薹开花结实。在低温下通过春化阶段，长日照下通过光照阶段。要求疏松深厚的土壤。多用种子繁殖。

白菜类、甘蓝类

以柔嫩的叶丛、叶球、嫩茎、花球供食用，如大白菜、小白菜、菜薹、结球甘蓝、球茎甘蓝、花椰菜、抱子甘蓝、青花菜等。生长期间需湿润和冷凉气候，水肥条件要充足，温度过高、气候干燥则生长不良。除采收菜薹及花球外，一般第一年形成叶丛或叶球，第二年抽薹开花结实。栽培上要避免先期抽薹。在南方为主要秋冬蔬菜。均用种子繁殖。

叶菜类

以幼嫩的叶或嫩茎供食用，如莴苣、芹菜、菠菜、茼蒿、芫荽、苋菜、蕹菜、落葵、紫背天葵、茴香、薄荷、紫苏、生菜、叶甜菜、红薯叶等。其中多数属于二年生，如莴苣、芹菜、菠菜；也有一年生的，如苋菜、蕹菜。共同特点是生命力强，易于种植，且株型矮小，生长期短，适于密植和间套作，要求充足的水分和氮肥供生长之需。菠菜、芹菜、茼蒿、芫荽等喜冷凉不耐炎热，生长适温15～20℃，能耐短期霜冻；苋菜、蕹菜、落葵等，喜温暖不耐寒，生长适温25℃左右。喜冷凉的主要作秋冬栽培，也可作早春栽培。

葱蒜类

以鳞茎、假茎（叶鞘）、管状叶或带状叶供食用，如洋葱、大蒜、大葱、香葱、韭菜等。根系不发达，吸水吸肥能力差，要求肥沃湿润的土壤，性耐寒。在长日照下形成鳞茎，低温通过春化。可用种子繁殖，也可用营养器官繁殖。以秋季及春季为主要栽培季节。

茄果类

以果实为食用部位的茄科蔬菜，包括番茄、辣椒、茄子。要求肥沃的土壤及较高的温度，不耐寒冷。对日照长短要求不严格，但开花期要求充足的光照。种子繁殖，长江流域一般在冬前或早春利用温床育苗，待气候温暖后定植于大田。

瓜类

以果实为食用部位的葫芦科蔬菜，包括南瓜、黄瓜、甜瓜、瓠瓜、冬瓜、丝瓜、苦瓜等。茎蔓性或半蔓性，雌雄同株而异花，依开花结果习性，有以主蔓结果为主的西葫芦、早黄瓜，有以侧蔓结果早、结果多的甜瓜、瓠瓜，还有主侧蔓几乎能同时结果的冬瓜、丝瓜、苦瓜、西瓜。瓜类要求较高的温度及充足的光照。西瓜、甜瓜、南瓜根系发达，耐旱性强。其他瓜类根系较弱，要求湿润的土壤。生产上，利用摘心、整蔓等措施来调节营养生长与生殖生长的关系。种子繁殖，直播或育苗移栽。春种夏收，有的采收可延长到秋季，还可夏种秋收。

豆类

以嫩荚或豆粒供食用的豆科蔬菜，包括菜豆、豇豆、蚕豆、豌豆、扁豆、刀豆等。除了豌豆及蚕豆要求冷凉气候外，其他都需在温暖季节栽培。豆类的根有根瘤菌，具有生物固氮作用，对氮肥的需求量没有叶菜类及根菜类多。种子繁殖，也可育苗移栽。

薯芋类

以地下块茎或块根供食用，包括马铃薯、芋头、红薯、山药、豆薯、生姜等。这些蔬菜富含淀粉，能耐贮藏，要求疏松肥沃的土壤。除马铃薯生长期短、不耐高温外，其他生长期都较长，且耐热不耐冻。大部分用营养体繁殖。

多年生蔬菜类

指一次种植后，可连续采收多年的蔬菜，如金针菜、石刁柏、百合等多年生草本蔬菜及竹笋、香椿等多年生木本蔬菜。除竹笋外，地上部每年枯死，以地下根或茎越冬。此类蔬菜根系发达，抗旱力强，对土壤要求不严格，一般采用无性繁殖，也可用种子繁殖。

水生蔬菜类

生长在沼泽地区的蔬菜，如藕、茭白、慈姑、荸荠、水芹、菱等。在生态上要求在浅水中生长，如池塘、湖泊、水田或庭院阳台水景中栽培。生长期喜炎热气候及肥沃土壤。多分布在长江以南湖泊多的地区，除菱角、芡实以外，其他一般用营养体繁殖。

食用菌类

指人工栽培或野生、半野生状态的营养丰富、可供食用的大型真菌的总称，常见的有蘑菇、草菇、香菇、金针菇、竹荪、猴头、木耳等。它们不含叶绿素，不能光合制造有机物质供自身生长，属于异养生物。培养食用菌需要温暖、湿润、肥沃的培养基，常用的培养基原料有棉籽壳、植物秸秆等。

观赏蔬菜是集食用性与观赏性或药用性等于一体的新型蔬菜，它们可观可玩可药可尝，又称为多功能蔬菜。由于其丰富艳丽的色彩、奇特多变的形态、沁人心脾的芬芳而被人们所喜爱。如辣椒、番茄、结球甘蓝、羽衣甘蓝和甜菜等有着诱人的果实或色泽鲜艳的叶片，食用及装饰效果均极佳，阳台种植最为普遍和吸人眼球。此外，随着观赏蔬菜功能作用被进一步的发掘，越来越多的珍奇果蔬和观赏期长、外形美观、品质优良、功能多样的品种面世，并在园艺设计中被大量的应用，实现了现代园艺科技与蔬菜文化的完美结合。因此，观赏式蔬菜园林景观在园艺设计中的应用前景将十分广阔，而观赏蔬菜产业也将成为我国农业经济增长的新亮点。

按观赏部位分类

观叶类

观赏植株独特的叶形和鲜艳的叶色，有的叶片及植株形态美观多变，色彩绚丽如花，或形如牡丹，或貌似玫瑰，或状似菊花，如羽衣甘蓝、黄玫瑰白菜、苦苣。还有叶缘呈波浪状褶皱的赤裙生菜，或叶紫如水晶或有着红宝石色条纹的叶脉，如紫裔白菜、叶用甜菜、紫芥菜等，都美得不可方物。

观果类

观赏植株新颖别致的外形或鲜艳明亮的果色，如樱桃番茄、观赏茄子、观赏辣椒、观赏南瓜、葫芦、拇指西瓜等，它们果形千姿百态，大小各异，色泽异彩纷呈，赏心又悦目，有观着观着便想一口吞下的感觉，十分有趣。有的则可供室内作摆件玩或观赏。

观根类

观赏或食用其肥大而美艳的肉质根，如根用甜菜、樱桃萝卜、胡萝卜等。这类蔬菜的根部颜色靓丽明艳，质细味甜，形状各异，能为土地增光添彩。

观花类

观赏植株多彩而美丽柔软的花朵，其开花的姿态、花形、大小、香味、着生部位等都有身心愉悦的美感。对于喜花者而言，家中最不可或缺的就是色彩斑斓的草花植物了，有花的阳台，每个季节都是新鲜的，可尽情欣赏它们娇艳欲滴、肆意绽放的美感。常见的观花蔬菜有百合、黄花菜、莲藕、红秋葵、黄秋葵及各色花椰菜，如西兰花等。另还有蝶形花科的豌豆、四季豆等，它们花开时也多彩多姿，非常美丽。

观子实体类

观其肉质或胶质的子实体，如金针菇、香菇、双孢蘑菇、大红菇、竹荪、银耳、灵芝等。

食用菌子实体相对硕大，有的如盛开的花瓣，有的形似碗碟，或状如珊瑚，富有美感，可用于阳台微景观。

Part 5

阳台植物的配色

清风舞明月，幽梦落花间。只要你会生活，生活中便会处处洋溢着鸟语花香。如果你喜欢在园艺上耗费精力，那阳台上连续的缤纷色彩和四季植物组合更值得花大力气去打造。

植物之美在于其色、香、姿、韵，而色彩表现尤为强烈，它可使单调的阳台结构散发出魅力，使巧妙的阳台布局拥有灵魂。因而在阳台植物的配色上，设计者要掌握植物的生长特性和质感，要善于把大自然的元素巧妙地用在阳台景观的空间层次中。与声音和气味一样，色彩对情绪也有增强作用。在光、温、水充足的阳台上，从冬至夏，可用更替变换的色彩表达感觉，为生活揉入几丝灵动与温存。配色上可将不同姿态、不同质感和不同色彩的植物组合起来，范本是自然风景，以表达主人对生活的素颜真心和朴实欢快的感觉。亦可按四季流转轻松培育绿叶蔬菜及花花草草，且不同的时间和季节搭配种植可打造不同的和谐阳台景致。你会发现，使用单一色彩并搭配不同明暗调的金银色，在寒冷中茁壮成长的绿叶蔬菜就成了阳台的主角，如藜科的菠菜、菊科的莴苣、十字花科的卷心菜及芥菜、伞形科的胡萝卜，冬季菜园的王者西兰花及各色叶如牡丹的羽衣甘蓝是不可少的。

花团锦簇中生长着随性低垂的紫茄

蔬菜花也是阳台美景的源泉，而且春季绽放的各色菜花与豌豆花可构成阳台蔬菜独有的景致。当然，香草、花卉与蔬菜混种可相得益彰，花卉可以配三色堇、银香菊及四季开花的毛茛科植物铁线莲等。烹调时常用到的香草也是阳台中必不可少的植物，迷迭香、百里香是匍匐蔓生的品种，它们的枝叶繁茂，随性低垂，在阳台粗粗浅浅种上几盆便可打造出湿地的润泽感，而且香草在西餐上较为常见，大厨们喜欢将其磨碎放入食材里作调料，起到去腥增香的作用，还可以当作香料来炖菜，也可以泡茶，具有帮助睡眠、防脱发、增强心脏和大脑功效。清新迷人的三色堇，花朵微甜可食用，它们的花瓣可用来点缀菜品和沙拉。

春天，阳台上水培绽放的各色鳞茎类花卉风信子、水仙花、郁金香的美丽娇贵的花儿尽显真实姿态，一朵朵争相怒放，明亮的色调为春天的到来拉开了序幕，攀爬在阳台墙头和窗台上的蔓性玫瑰等也是绝佳的季节性陈列，亦是不可或缺的自然元素。天气变暖后各色花儿在蔬菜群落中绽放，姿色娇艳、明媚之极，绿叶蔬菜的淡绿，紫裙生菜、紫裔白菜、紫芥的淡紫会让阳台充满自然律动感。

春夏季节，颇具时尚感的"云裳仙子"百合缓缓绽放，矜持含蓄、清新自然、秀丽非凡。夜深香满屋，疑是酒醒时。夏耘搭配种植诱人醒目的瓜果如葫芦科西瓜、黄瓜、苦瓜都是不错的选择。瓜藤缭绕，花儿芬芳，摘下一颗小小的水果黄瓜，清甜的感觉，一如初夏。苦瓜叶齿形深裂，绿而清淡的叶色在炎炎夏日中似有阵阵凉意。有藤蔓植物的阳台如同美丽的绿帘，温度可降低5℃，可以保持室内的空气清新和温度的适宜。红色甜菜叶片整齐、色红美，初冬、早春均可观叶，晚秋于花境内与羽衣甘蓝配合，可恰到好处点缀秋色。悠悠庭院，小小

姿态尽显的羽衣甘蓝

在配色上有着自然律动感

露台，一池清水岂能少了婷婷绿荷，缤纷的莲花绽放在绿叶中，清新华丽而鲜美，清香四溢而悠远。

力尽不知热，但惜夏日长。盛夏蝉鸣，在阳光和温度的滋润下，万物生长，果蔬芬芳，处处都是初见的景致。若种植得法，茄果类和瓜类蔬菜会迎来长长的采收季。

当然，各色观赏椒有着花所不具备的独特质感，果如珍珠、如风铃，或朝天，或向下，千姿百态。而具备各色花一样丰富的小番茄如小宝石般在阳光的滋养中一串串生长，花果满溢而下，让阳台风景充满口水之欲。蔬菜中最美的花是秋葵，花如碗碟大而色艳，嫩荚有绿色和紫色，花果均具观赏价值。攀缘植物是进行立体绿化的首选，秋初阳台木箱中的主角可选蓝茉莉、波斯菊、蔓性风铃花、灯笼花等多年生草本花卉。在种植时，对各种蔬菜色彩的搭配与选择亦可结合个人喜好和环境色彩加以运用，设计上注重协调性、多样性、视距感、空间感以及设计的情调、观赏情感和气氛，为闲置空间装点不一样的美。这些以独有色彩创造出的美丽阳台景色，有着田园般恬淡安宁气息和再现自然的风韵，不管是花还是蔬菜，都要让它们幸福生长。

有些观花又可食的蔬菜，如朝鲜蓟花器大而肥厚，开花时非常赏心悦目。豆科植物的豇豆、四季豆、扁豆、刀豆都是攀缘高手，能毫不费劲地爬上支架、栅栏、窗台、阳台，它们的花为紫色、白色或红色，蝶形花，开花时，如朵朵空中飞舞的蝴蝶，延长阳台的生趣一株即可。大丽花是菊科多年生草本植物，从3月至11月，在温度适宜条件下花儿可周年绽放，绚丽多彩，堪同牡丹媲美，用它点缀蔬菜群落可呈现活色生香的景致。

当然，若有插花的雅趣，一片菜叶，一朵小花，都是艺术，都可利用好阳台酝酿出生活的喜悦与丰盛。

庭院中绽放的百合

花果满溢而下

Part 6

种植日历的拟定

一旦爱上阳台种菜，人们总是希望在自己所住的空间里种上各种品类繁多且心仪的植物，可又不知精心设计的阳台结构该怎样选择比较合适，且能做到周而复始有收获的植物，那么，种植日历是开始菜园规划的好方法。

选择植物

选择自己喜欢的植物，把它们一一列出，每一种蔬菜植物都有最适宜的种植期，亦可根据物候期来标注每种植物的最佳生育期，应清楚标明拟种植的植物及可与哪些其他植物品种搭配，并注明品种特征特性、栽培要点及浇水、施肥、病虫防治，以及植株整枝打杈和收获时间等需注意的问题。从开始播种和移栽即带您进入蔬菜生产季节。使用任何种植日历的关键是每年根据植物在阳台或庭院中的实际表现进行调整，在种植季节要标明注意的一些事项。然后，在收获时调整日历，以便根据家中的确切条件和天气情况提前规划今后的播种日期。

混种在种植箱中的易于栽培的蔬菜

大部分蔬菜都是生命力极其顽强的作物，如果是初学者，先尝试种种生菜、油麦菜、苦苣等绿叶蔬菜，全年皆可种植，可以连续分批混合播种在一个花盆中，播种后茎叶疯狂生长，直到绿意爆盆，40d就可以采收满满一筐。而且这些绿叶菜自带清香，还能趋避害虫，试种成功就可轻松收获享受美味。也可以选择株型粗壮而又易栽培的蔬菜和香草，如将辣椒、番茄、秋葵和薄荷、百里香等混种在一个大容器中，并根据株高和生长方向确定栽种位置，有效利用栽种空间，并将支架搭成金字塔形状，让它们聚大丛生长。如栽种漂亮且生命力旺盛的植物，百合则会让你的夏季庭院充满心跳瞬间，百合叶片披针形，花色丰富，花形姿态优雅。百合喜通风和阴凉湿润环境，夏季伏旱酷暑是百合大忌，市购回的百合球茎要尽早种植，每年10～11月或3～5月栽种，不同品种搭配种植花期可从5月绽放至10月。花谢后可继续追肥，利于地下莲座状鳞茎膨大。鳞茎富含淀粉，是百合的可食部分，秋季来碗冰糖百合可润燥清火、清心养肺。

选择随性低垂的植物亦能成功装扮窗台景致

黄瓜与迷迭香相得益彰栽种在一起

制定阳台种植规划

确定好植物种类后要制定种植规划，如需要准备多少植物，在设计上标记出它们的高度及所需空间，计算出所占用空间。规划阳台菜园是一项艰巨的任务，只有你了解了植物的适宜生长气候环境要求，才能将适宜在种植区生长的植物一一列出，如哪些可在凉爽季节种植，哪些可在夏季种植，哪些可延迟收获，同时将这些拟种植的每种蔬菜的所有种植要求进行比较，将它们相得益彰地栽种在一起。尽管拟定种植日历要花费一些心思，但当你收获到诱人的美味时就是最好的回报。阳台蔬菜常见种类种植规划见表2。

表2　阳台蔬菜常见种类种植规划

蔬菜类别	名称	科	属	种植时间	收获时间	备注
叶菜类	生菜	菊科	莴苣属	8～9月（四季皆可播种）	10～11月	可周年生产
	油麦菜	菊科	莴苣属	8～9月（四季皆可播种）	10～11月	可周年生产
	菠菜	藜科	菠菜属	秋播9月	10月底	亦可春播
	白菜	十字花科	芸薹属	9月中下旬	12月	亦可春播、夏播
	蕹菜	旋花科	番薯属	3月下旬至8月	5～11月	
	羽衣甘蓝	十字花科	芸薹属	9～10月	1～2月	
果菜类	辣椒	茄科	辣椒属	3～4月	5～11月	
	茄子	茄科	茄属	3～4月	5～11月	
	番茄	茄科	番茄属	3～4月	6～10月	
	秋葵	锦葵科	秋葵属	4～5月	6月上旬	
	黄瓜	葫芦科	黄瓜属	4～5月	6～8月	
	丝瓜	葫芦科	丝瓜属	4月中上旬	6～9月	
	南瓜	葫芦科	南瓜属	3～4月	8～9月	
	苦瓜	葫芦科	苦瓜属	3～4月	6～10月	
	西瓜	葫芦科	西瓜属	4月上旬	8月上旬	
茎菜类	莴苣	菊科	莴苣属	9～10月	12月至翌年2月	
	球茎甘蓝	十字花科	芸薹属	9～10月	12月至翌年2月	
	茎用芥菜	十字花科	芸薹属	9～10月	2月中旬	
	石刁柏	天门冬科	天门冬属	3～4月	5～6月	播后3年始收
	马铃薯	茄科	茄属	4～5月	9～10月	亦可秋播
	生姜	姜科	姜属	4月下旬至5月上旬	8～11月	
根菜类	萝卜	十字花科	萝卜属	冬萝卜9月	12月初	亦可春播
	胡萝卜	伞形花科	胡萝卜属	9～10月	11月底	

春季是万物复苏，植物开始生长的季节，也是打造阳台蔬菜的最佳季节，夏季蔬菜都可在此季节播种。如茄果类的辣椒、番茄、茄子等可在3～4月播种育苗，于5月1日前后就可以全部移植到盆中。瓜类蔬菜如黄瓜、丝瓜、冬瓜、南瓜、节瓜、苦瓜、西瓜，豆类蔬菜如豇豆、四季豆、扁豆等夏季蔬菜则可在4月中下旬天气更加温暖时开始播种。农谚"谷雨前后，种瓜点豆"。说的就是谷雨节气的到来意味着寒潮天气基本结束，气温回升加快，在此节气瓜类和豆类作物可以播种育苗，而且生长更加健康。生姜、生菜、空心菜、韭菜、木耳菜、红苋菜也可开始准备播种种植。不过，在打造夏季蔬菜前，有的喜冷凉的小小绿叶蔬菜能顺利从寒冷的冬天步入初春，在温度10～20℃的早春，可以先播种生长快速的生菜和樱桃小萝卜，在小芽苗状态就可不断间苗，美美享受春天的滋味。当然，冬去春来，经过漫长冬季的滋养，阳台上年深秋或年前播种的蔬菜积聚了大量的营养，如莴苣、油菜、菠菜、结球甘蓝、葱、春笋、韭菜、香椿在早春季节都鲜嫩甘甜，无比可口。

 孟夏之日，天地始交，万物并秀。此期昼长夜短，雨水增多，夏季果蔬生长繁茂。红苋菜、空心菜、油麦菜、韭菜、黄瓜、四季豆、长豇豆、秋芹菜、大蒜、晚茴香等都是夏季种植。

 豆瓣菜、黄玫瑰、黄心乌、黑心乌、大蒜、香菜、红菜薹、白菜薹、红甜菜、萝卜、葱、莴苣、生菜、芹菜、茼蒿、紫甘蓝、抱子甘蓝、花椰菜、青花菜、羽衣甘蓝和芥蓝等冬天不怕冻而且第二年春季可食用的耐寒蔬菜一般秋季种植。

 喜冷凉湿润气候的大白菜、娃娃菜、小白菜、芥菜、结球甘蓝、萝卜、樱桃萝卜、芫荽、菠菜、油麦菜、生菜等，生命力顽强，在寒冬之日依然不凋。苏轼"雪底菠菠如铁甲，霜叶露芽寒更茁"的诗句表明菠菜极耐寒。

叶用蔬菜生长周期短，从幼苗开始就可以收获食用。可制订一份叶用蔬菜周年种植日历，这样阳台上就可全年生产绿色蔬菜了。有的蔬菜，如生菜、油麦菜、香葱等，四季皆可种植，随时都可采收。

宜春季选种的叶用蔬菜有：油麦菜、菠菜、韭菜、荠菜、茼蒿、芝麻菜、小白菜等。

宜夏季选种的叶用蔬菜有：木耳菜、苦苣、小白菜、苋菜、紫背天葵、蕹菜等。

宜秋季选种的叶用蔬菜有：生菜、菊苣、紫苏、豆瓣菜、木耳菜、叶甜菜、小白菜、油麦菜等。

宜冬季选种的叶用蔬菜有：乌塌菜、小白菜、菠菜、芫荽、油麦菜、生菜等。

栽培容器的选择

　　寻觅盆器之美，体会生活之悦。栽培容器不仅能用自身的形状、颜色、质感等表达风格，并且通过精心摆放，可以提升阳台布局，成为视觉焦点。利用色彩明亮而又独具匠心的栽培容器种植，即使没有栽种植物，也具有造景特质，足以提供视觉的享受，但无论选用什么器皿栽种，也兜不住蔬菜宝宝们的自由之态。

　　容器栽培是指选用不同材质做成的各种形状的容器，盛装营养土，可直接将蔬菜作物栽在容器中的一种栽培方式。盆器造型丰富多样，在栽培容器选择上要充分体现自然环保、生态美观的理念，而且在选择容器大小的时候，还要综合考虑栽培地点空间的大小及栽种蔬菜株型与产品器官的大小。容器选择范围较大，一般的种植盆、种植箱均可，材质要求无毒、无味、生态环保。容器大小要满足一定的作物生长空间需求，叶菜类蔬菜要求容器高度不小于10cm，一般以12 ~ 20cm为宜；种植茄果类、瓜类、根茎类蔬菜要求容器高度在28 ~ 35cm。

选用长形的种植盆

容器底部要有排水孔，防止浇水过度，造成根部积水烂根，底部最好配托盘，兼具一定蓄水功能和隔温作用。也可以选择专门的阳台蔬菜种植装置（一般以水培方式为主）。

栽培容器的透气性能、排水性能一定要好，因为植物的正常生长是需要足够的空气和充足的水分的。可从传统的盆、罐、槽中增设管道、栽培架等，从平面栽培模式发展成立柱式、梯架式、壁挂式等多种形式，当然还有许多种植形式，但都要与植物的生长习性相契合。此外，几乎任何类型的容器，或生活中的许多器物等都可发挥艺术想象力创造性地用于阳台，成为植物栖息的乐园。

口径超大的陶盆

瓦 盆

质地粗糙，排水透气良好，价格低廉，规格多样，形状多为圆形。

陶 盆

质地细腻坚韧，古朴，透气性好，品种繁多，造型时尚，形状各异，圆形、方形、菱形、扇形等。但大型陶盆加入土壤后会变得笨重。

瓷 盆

多为上釉盆，常有彩色绘画，外形美观，质地细腻坚硬，华贵美丽，可套于种植袋或塑料盆外作装饰花盆用。

木制花盆

通气、透水性好，耐旱耐涝，吸热散热快，环保安全性能高，有利于土壤中养分的分解，而且朴实无华，纹理天成，简约不失情调，更贴近大自然。适合栽植株型较大的蔬菜，盆口直径要与所要种植的植株冠径大致相等，这样可以给植株正常生长提供足够的空间。

塑料盆

质地轻且耐用，价格便宜，花色形状丰富多样，是用得最多的盆栽植物流行容器。

种植箱

如阳台比较大，可选用蔬菜种植箱，深度为15～30cm，长宽可自由选择，但应伸手就能够到种植箱的每个位置。可在种植箱中放上网格，每格约30cm，根据植物大小和生长习性，于每个网格中种上一种蔬菜。

● 制作创意花盆：自然是最棒的艺术家，如果你用心总能从大自然获得奇妙的灵感，尝试去野外捡拾一些小木头棍子来制花盆吧。或者，只要是你喜欢的容器，小木盒、小水桶、小铁罐，甚至是有破损的小花瓶，只需动手给它们在底部开一个排水的孔，就可以用来栽种蔬菜。从市场上买回来的颜色单调花盆，多为土灰色或者白色，可按照自己的喜好和创意给花盆来个手工彩绘，加点色彩，或贴上贝壳等装饰素材来增添生活趣味。

种水生植物则可选种植缸、种植盆或底部不开孔的容器。荷花、菖蒲、慈姑等水景植物，在相互竞争、相互依存中构成了多姿多彩的水景植物王国。可根据种植盆中水深的变化，种植沉水植物、浮叶植物和挺水植物，形成高低错落的景致。

Part **8**

蔬菜生长需要什么

　　植物的生长发育除自身的遗传特性外，光照、温度、水分、土壤等亦是植物生长最重要的环境条件。不同植物生长的自然环境不同，对这些指标要求也不同，如想让它们在适宜的环境中顺其天性，茁壮成长，就需要知道植物的这些特性并力争为它们创造一个最佳的环境让其生长。

光照

　　光是绿色植物进行光合作用的必要条件，大多数蔬菜都喜欢在阳光的滋养中茁壮成长。如果没有光照，不管其他条件如何，喜光植物和喜阴植物都很难生长。不同植物需要的光照强度不同，要根据光影响植物生长的特点，为植物创造适宜的光照条件。对于原生地日照充足的植物，就使其生长在能长时间接受日照的地方，如每天能接受5h以上的直射光照则最为理想。一般茄果类、瓜类和豆类蔬菜需要的阳光较多，每天能接受5h以上的直射光照最为理想；叶类、根茎类蔬菜需要的光照相对较少，每天阳光照射不少于4h即可。总之，充足的光照是丰收的保障，阳台种植果蔬，一天中阳光直射的时间至少需要3～4h，而夏季茄果类蔬菜所需日照时间更长。

　　在狭长的阳台上，也要充分考虑通风条件。在种植夏季蔬菜前，要准备好供蔓性植物攀爬的花格墙，要高效利用好阳台上的围栏、栽培架及每一处空间，让果类蔬菜充分见光，向阳生长。面对空间利用的问题，也可从植物的色彩、株型等方面进行布局，配备自带补

番茄

南瓜

黄瓜

茄子

没有充足阳光也可以茁壮成长的植物

茼蒿

菠菜

小白菜

生姜

长发育都对温度有一定的要求，有的性喜低温冷凉，有的性喜高温燥热，每一植物生长史中都有最低温度、最适温度和最高温度。同一蔬菜在不同生育期对温度也有不同的要求，而且在极端低温或高温条件下都难以生长，有的生理活动会停止甚至死亡。一般而言，多数植物的抗寒程度为5℃左右，在温度过低的环境下，如5℃条件下大多会停止生长。但有的植物具有耐0℃以下低温影响的特性，如耐寒多年生宿根植物如黄花菜、石刁柏、茭白等，地下宿根能耐−15～−10℃的低温；有的一般耐寒蔬菜如菠菜、大蒜及某些耐寒的白菜品种如黄玫瑰能耐−2～−1℃的低温。大多数喜温蔬菜如黄瓜、茄子、辣椒、豇豆最适生长温度20～30℃，若处于10～15℃时会授粉不良，引起落花；反之，当40℃以上的温度持续时，植物会停止生长，甚至出现枯死。但耐热蔬菜如西瓜、南瓜、刀豆在40℃高温下仍能生长。虽然不同植物的生长温度会有差异，但大多在15～30℃范围。因而在选择蔬菜作物时，首先要考虑温度条件，特别是要结合所处地四季的温度进行规划，让它们在最佳的生长温度下栽培。此外要注意，种子发芽的适宜温度相对较高，如喜温蔬菜在25～30℃发芽最适，而耐寒蔬菜在10～15℃开始萌发，但多数蔬菜在20～25℃的温度条件下易于发芽生长。当

光、补水功能的智能花盆和水培蔬菜架，或搭配LED植物补光灯等新型栽培装置，淋漓尽致地打造出一个点缀蔬菜与花草的立体小空间，努力创造光照充足、通风良好的环境。

需要充足阳光的蔬菜作物：茄果类、瓜类、豆类等都是全日照植物，喜温，如辣椒、茄子、番茄、黄瓜、西瓜、豇豆、菜豆、秋葵等，在浓浓夏日阳光和温度的滋润下，这些夏季瓜果蔬菜会茁壮成长。

对光照要求较弱的蔬菜作物：生姜、芫荽、茼蒿、韭菜、小白菜、菠菜、芦笋、葱等，在少光的北向阳台或阴凉区域可适宜生长。姜在整个生长周期中对光照要求都不高，非常适合北向阳光不足的阳台上种植。

温度

植物对温度尤为敏感，每一种植物的生

温度过高或过低，均会影响种子发芽生长。幼苗期的最适温度相对比发芽期的要低些。但生长初期的蔬菜宝宝长势非常脆弱，通常要精心照料才能够健康成长，而且生长在室内的菜苗要通过低温炼苗以逐步适应室外的温度。

总而言之，为培育健壮植株，阳台上要合理安排作物，所栽种的各种蔬菜都应依温度而选择，生产中任何园艺操作过程都建立在"适时而动"的准则之上。

土壤（基质）

土生万物。这儿，是孕育梦想的家。植物健康生长的诀窍在于给它们打造舒适的温床。在狭小的阳台空间密植要格外注意平衡好土壤的保水性、排水性、透气性和保肥性。一般蔬菜都比较喜欢在弱酸环境（pH6.5～7.0）和松软、肥沃的土壤中生长。阳台蔬菜可用商品基质、腐叶土、厩肥土、硬质赤玉土、蛭石或木屑土等栽培，可根据蔬菜种类和生长季节及栽培容器的尺寸选择混搭土壤。如果喜欢DIY，还可利用蛋壳等厨余和植株废弃物作为肥料来源，自制有机堆肥。这些厨余垃圾降解后有机质含量丰富，且含有多种营养元素，肥效温和持久，其疏松的质地结构还可改良土壤，提高土壤通透性能，有助于土壤形成团粒结构，但应注意腐叶等皆须堆积并经充分发酵腐熟方可。自配营养土时选择沙壤土与腐殖质或基质混合，尽量多铺设完全腐熟的有机质改良土壤，既疏松透气、保水保肥固根，还能减轻阳台荷载。此外，在营养土中施用石灰和生物炭均能在提高蔬菜产量的情况下降低蔬菜中铅、镉含量，以达到降低重金属在蔬菜

中富集的目的。阳台或屋顶蔬菜种植基质厚度以20～30cm为宜。选择好的富含营养的土壤很重要，目前市场上主流的有机培养土都含有底肥。有充足的底肥，蔬菜在后期的生长会更加健壮。

总之，优质肥沃的土壤是各色蔬菜健康生长的关键，在打造菜园时一定要考虑增加土壤中的有机质含量，减少土壤中的病虫草害来源，而且，在阳台、露台种菜一定要考虑培养土的重量，尽量使用轻质培养土，减轻阳台、露台的负荷。

在选择土壤和配制营养土时，要以土壤颗粒结构不易解体，并可保持充分的含水状态为好。不要直接使用庭院或田间的土壤，需将挖出的土壤中的小石子、生活垃圾、植物根系等杂质去除，松松散散的沙质土或手握成团的黏土都要加以改良才可使用。特别是黏土，质地黏重，湿时黏，干时硬，排水及透气性差，无法给根提供新鲜的氧气。在改良上可以填入大量腐熟的有机质或堆肥及少量砾石。有机质可使黏土颗粒凝结成团状，砾石可增加排水性，是改善黏土质地和排水问题最有效的方式。沙质土，由于其排水性好，水肥易流失，改良上可通过增加有机质、泥炭藓等以保持土壤中的营养。

当然，如果省事，条件允许，建议使用专用蔬菜栽培基质，或可以购买市售的种菜专用培养土。这种培养土是经过特殊处理的土壤，介于沙质土与黏土之间，保水、保肥力强，排水、透气性好，且富含微生物，具有团粒结构，全程只要浇水就能有利于蔬菜苗壮成长、充分发育。还可使用混合堆肥、泥煤苔（或椰壳纤维、泥炭藓）、粗蛭石组成的混合土，这种土壤松软、富含养分、方便打理，并能锁住充足的水分，让植物苗壮

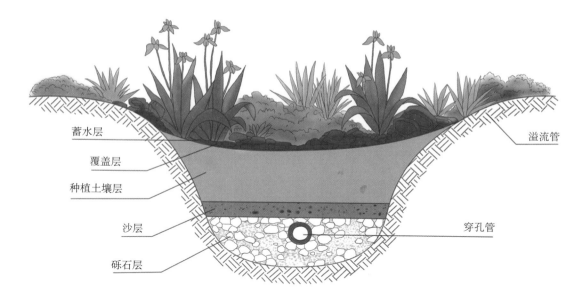

蓄水层

覆盖层

种植土壤层

沙层

砾石层

溢流管

穿孔管

生长。也可将泥炭土、珍珠岩、蛭石按质量比1：1：1的比例进行配制，或将草炭、蛭石、有机肥按质量比6：3：1的比例进行配制，用于阳台蔬菜育苗和生产。

栽培基质：代替土壤提供作物机械支持和营养供应的固体介质。盆栽蔬菜宜选用疏松透气、无有害生物入侵、水肥流失少、质地轻易于搬动及营养丰富、有机质含量高的基质，尽量少用泥土。基质相对土壤质量轻且卫生安全。通常选用腐殖质土、锯末、稻壳、椰壳纤维和泥炭土等混合配制，也可以用细河沙或沙土、珍珠岩、蛭石、煤渣或炉渣灰与腐殖土、混合堆肥土、泥炭藓、泥炭土等混合。

泥炭土：是具有厚度50cm的泥炭层的潜育性土壤，可作为土壤改良剂。泥炭土多由植物纤维构成，因含有多种有机矿物质和氮、磷、钾等元素，作为育苗基质可有效改善原有土壤环境，使其营养均衡，并促进蔬菜快速生长。

珍珠岩：是一种火山喷发的酸性熔岩。

与泥炭土混合使用，可改良土壤原有结构，改善土壤的板结问题，提高沙土的肥力。

蛭石：是一种天然、无机、无毒的矿物质。具有疏松土壤、透气性好、吸水力强、温度变化小等特点，有利于蔬菜的生长，还可减少肥料的投入。

水分

水是生命之源，在植物生长过程中都需要水分，它是植物光合作用的重要原料和生命活动的介质与参与者，又是物质吸收与输送营养的工具，而且能保持植物的固有姿态如维持植物的茎叶坚固和挺拔直立。"有收无收在于水"，保持植物体内的水分平衡是提高作物产量和改善产品质量的重要前提，因而在植物需要的时候要充分浇水，不要让植物现萎蔫或在生死边沿挣扎。土壤水分是蔬菜生长必不可少的生态因子。田间自然生长的植物可自由吸收雨水或土壤中的水分，而阳台盆栽和楼顶蔬菜，则很难享受到雨水的滋润，特别是在夏天，楼顶雨水蒸发快，浇灌显得尤为重要。

浇水可是项技术活，重点就是要掌握好浇水的时间点和科学的水分控制，应根据蔬菜种类、生育期和生长季节灵活掌握浇水次数和浇水量。浇水过少，或土壤中水分缺乏时，植株根系生长缓慢且木栓化，吸水能力差，势必影响地上部生长，植株易出现缺水萎蔫甚至枯死；反之，若浇水过多，土壤通气不良，则会导致植株根系因缺氧窒息腐烂。浇水时一定要仔细观察土壤和植物状态，若盆土呈白色或干燥，且植株出现萎蔫时，表示植物缺水。亦可用手指确认土壤内部是否干燥，一般土表干后浇水。容器栽培时空间有限，土壤较少，水分蒸发快，以慢浇、浇透最好，直至容器底部有水流出为止。夏秋温度高，光照充足，各色蔬菜不断花开，此期要注意勤浇水，充足浇水，还要避免暴晒，否则植株容易垂头丧气。浇水从5月底至10月初，一般选择每日早、晚各浇水一次，而且要浇足水。冬春温度较低，选择有阳光晴天浇水。

不良的灌溉也会给蔬菜带来伤害，浇水过勤、浇水过多，蔬菜易旺长，不利于培育壮棵。特别是被水浸透的蔬菜，由于盆土中湿度过大，不利于植株吸收新鲜空气，植物的根部可能会慢慢腐烂。在湖南，春季和夏初雨水较多，空气湿度较大，应当少浇水，同时要防涝排渍。而冬天降水较少，风力强劲，地面很容易变得极其干燥，则每2～3d浇一次。忘记浇水时，若盆土过干，可在土中扎小孔再行浇水。

总之，要根据植物的生长发育状况和温度、雨水等天气变化情况适当控制浇水量及浇水次数，科学浇水，创造蔬菜最合适的土壤水分环境，引根下扎，以水促根、控棵，调节植株生长发育。

阳台使用吊篮栽种时，吊篮植物如果忘记浇水呈现枯萎时，可将吊篮植物浸入盛有水的容器中浸泡一会，让根部充分吸水；当篮中基质土壤过于潮湿时，可将多余水分排出，并对已受损的植株进行修剪，以让吊篮植物复活。

在装填土壤和移栽植物时，土层与盆栽等器皿口边沿间要留出一段高5cm的空间，以方便浇水、施肥。还可用沙砾、碎树皮、木片或可生物降解的材料等将植株底部四周进行铺盖，让根部锁住水分。或覆盖土壤增加保水性和抗杂草性。盆栽植物底部搁放花托盘上也可用来储水哦。如果阳台面积较大，种植的盆栽较多，还可将许多新技术应用于绿色阳台中，如采用营养液装置、自动灌水装置系统，甚至还可给每个盆栽器皿安装单独与水龙头软管相连的滴水装置，可定时操作。

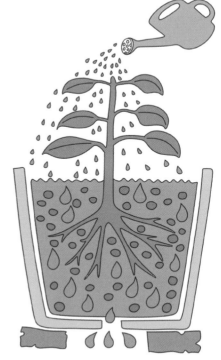

科学浇水

营养及施肥

植物所需营养中除碳水化合物外，植物的健康成长离不开三种主要营养元素及其他辅助营养元素的帮助。植物从根部吸收水分与矿物质，并获取这些营养元素。其中，植物对营养元素要求最多的是氮、磷、钾，其次是钙、镁、硫，以上6种元素称为"中量元素"，还要求较少的无机成分锰、硼、铁、铜、锌、氯、钼等7种"微量元素"。自然状态下生长的植物可以从土壤中获取这些营养元素，盆栽植物很难做到。蔬菜种类繁多，复种指数高，由于所用土壤有限，易出现不良症状，因而需靠施肥来补充不足之症。

肥料是植物生长健壮之本，施肥基本准则是适期、适量施肥。对于植物而言，没有肥料难以苗壮成长，但施肥过多则易造成烧苗等现象，而且还会导致土壤养分盈余而累积。因而要根据作物不同生长发育阶段对养分的不同需求进行科学施肥，可在恰当时机，结合浇水，给予植物必要的养分，使养分的释放满足蔬菜生长发育的需求。阳台面积小，植物种类多，伴随植株的生长，土壤中的养分也消耗殆尽，因而在植物生长过程中施肥要注意适量和适期。尤其是盆栽植物，由于土壤用量有限，植物很容易出现营养不良症状，因此施肥尤为重要。施肥时如果单一施用某种化肥会增加土壤的容重，降低土壤持水量，故一般选用有机肥和复合肥做基肥，用速效液态肥或复合肥做追肥。速效液态肥比固体肥更容易控制量，亦可结合浇水以稀薄的肥料追施。番茄、辣椒、茄子、苦瓜、丝瓜、黄瓜等生长量大的蔬菜，喜阳光充足及土层深厚、肥沃、排水良好、

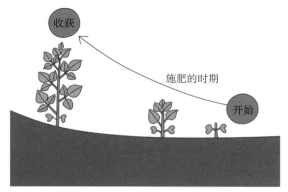

根据植物不同发育阶段科学施肥

富含腐殖质的沙壤土，在栽种时要施足基肥，适时追肥，若肥水不足，易结小果。韭菜、葱等生长期长、多次采收的蔬菜以追肥为主；花菜、大白菜、莴笋等则以基肥为主；而南瓜、豆类等耐贫瘠的蔬菜，则要控制基肥的量，否则茎叶疯长哦。在施肥上，要根据不同果蔬施肥周期定期施花果肥，如每周一次等。炎热的夏季，蔬菜植物水分和养分蒸发流失快，植物在缺水及强光照射下易耷拉萎蔫，此时除补水外还可补充生物海藻肥以促进叶绿素合成，提高光合酶活性，增强光合作用，促进植物均衡、健康生长。

肥料中有三大元素：氮、磷、钾，蔬菜作物生长的全过程都需要氮肥，尤其是叶菜类蔬菜，氮肥供应充足，营养生长良好；三元素中，蔬菜作物对磷的吸收量最小，但生长的全过程都需要磷肥，增施磷肥对促进果菜幼苗生长发育的效果更为明显；钾有促进糖和淀粉转运、增强抗逆性等功能，不仅关系产量，也能改善蔬菜作物产品的品质。叶片和胚芽的生长主要依赖于氮元素，花和果实的生长需要更多磷元素，根的生长需要钾元素的支持，因此也被称之为"叶肥""果实肥""根肥"。也许，有人会担心阳台上化肥的施用会影响蔬菜的品质和口感，并带来

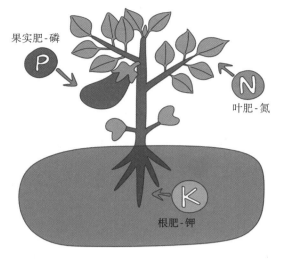

果实肥-磷

叶肥-氮

根肥-钾

食品安全和室内环境问题，但只要选对肥料就可以避免。目前生产上更偏向于施用微生物菌肥，它是由一种或数种活性有益微生物、培养基质及其添加物(载体)配制而成的生物肥料。生物有机肥与一定量的化肥配施还可充分挖掘土壤潜在肥力，改善种植箱内土壤肥力状况，并能提高蔬菜的产量和品质哦。所有豆科植物包括豇豆、扁豆、豌豆、花生、大豆、苜蓿等，它们在生长发育的时候，能与土壤中的根瘤菌形成互利共生关系，进行共生固氮作用，这样就可以更好地改良和肥沃土壤，为自身及伴侣植物服务。一般来说，豆类植物适合与胡萝卜、芹菜、茄子、马铃薯、甜菜、萝卜和黄瓜这些需氮量高的植物一起生长。因栽种豆类植物后土壤中会产生大量多余的固态氮，可以很好地补给其他植物吸收哦。

当然，如果践行绿色低碳生活，那么菜园运营的良方是不断将阳台上的尾菜及厨余垃圾变为天然无害的环保肥料，然后供植物苗壮生长。目前，厨余垃圾自制堆肥已成为环保生活中的一种时尚。但要注意没有充分发酵、分解的有机物堆肥会对蔬菜根部造成伤害，要使用全熟的堆肥，并且使用时需与腐叶土等充分混合，以手感干爽为好。

基肥： 也叫底肥，播种或栽培植物时，预先拌入土壤、培养基质或施入种植穴中的有机肥料（市售基质中已配好），可提供给植物整个生长期中所需要的养分。

有机肥： 俗称农家肥，由各种动物、植物残体或代谢物质加工而成的含碳物料，施于土壤以提供植物营养，包括油粕饼肥（菜籽饼、豆饼、茶籽饼等）、堆肥、沤肥、厩肥、沼肥、绿肥、鸡粪和骨粉等。其营养全面、肥效长，可改善土壤理化性能和活化土壤微生物，促进植物生长及土壤生态系统的循环，是阳台绿色蔬菜生产的主要养分来源。

复合肥料： 如氮（N）、磷（P）、钾（K）质量比8∶8∶8复合肥料，表示100g肥料中含氮、磷、钾各8g，呈颗粒状，可让蔬菜较好生长，阳台蔬菜多用此肥，又称万能肥料。一般1000g土中配置3～6g此肥料即可。追肥根据蔬菜的种类确定。

液体肥料： 是液体状化合速效肥，也称液肥，其时效性比较好，按指定浓度兑水稀释后作追肥施用，也可以起到浇水的作用。

石灰： 与酸性土壤有中和作用。可以作为基肥使用，一般1000g土配置3g。

在对阳台蔬菜施肥时，固体肥料和液体肥料的施用时期和施用方法也不尽相同。

固体肥料

春季较早的时候施加固体肥料的追肥效果较好。在植株根部挖一个坑，将肥料埋进去。应选择氮、磷、钾配比均衡的肥料。

液体肥料

气温上升、花朵大量开放的时候，应施加具速效性的液肥。推荐选择富含磷的种类。

Part 9

关于病虫害的防治

植物间亦有爱恨情仇，在自然法则下，只需巧妙地将它们栽种在一起，利用它们的相生相克原理往往能获得意想不到的收成。

植物病虫害的防治应遵循"预防为主，综合防治"的原则。病虫害防治的出发点应该是维护植物健康，而植物健康维护也是有效控制病虫害的关键。阳台蔬菜病虫害重点在防，采用健身栽培、理化诱控、生态调控等措施来维护植物健康，并在耕种中解决植物病虫害问题。如选用综合抗性强、适应环境能力强的品种，科学合理布局植物，使用排水性好、肥沃的基质与土壤，及时松土营造良好的通气条件，让土壤中的微生物与植物的根系互利共生，及时栽植、追肥、浇水、整枝，并及时剪去多余枝叶或拔除病株或清洁茬口，使阳台保持较好的通风性和光照条件，培养健壮植株，提高植物抗逆境和抵抗病虫能力，减少病虫为害。在病虫预防工作中，要做好植物检疫、农业防治、物理防治、生物防治，不使用杀虫剂，或在植物的生长过程中不使用农药，尽可能全程绿色生产，以获取有机和无污染的产品。

蔬菜在通风条件较差、光照不足、排水不良湿度

大的环境下最易遭受病虫为害。阳台上首先要创造出不易感染病虫害的环境，不要使用没有充分腐熟的肥料，尽量不施或减少用药，否则，农药对环境的摧毁恰如《寂静的春天》。阳台上种植过多植物会导致湿热，成为病虫害的诱因，因此种植时要注意疏密的平衡。对枝叶过于繁茂的植物要及时间疏剪枝，以改善日照及通风条件。及时清理阳台病残株和残花败叶，在夏季高温高湿环境下，这些残叶易引发霉菌滋生。尽量提高盆钵高度及改善阳台的排水性能，保持干燥。春夏是病虫害接踵而至的高发季节，要用频繁的检查尽早发现病虫的为害症状，防止病虫害的蔓延与扩散。发现病害要及时清除发病叶片或拔除病株，并对盆土进行高温杀菌处理。发现害虫则要将菜虫及时驱除并捕捉，或将虫卵用手摘除，或用水冲洗叶片背部。若发生严重时，可使用天然生物制剂如BT杀虫剂杀灭菜青虫，或用自制的辣椒水、烟灰液、生姜液等杀蚜虫、红蜘蛛、蚂蚁等。还可利用害虫某些趋性进行诱杀，如利用害虫的趋光性、趋化

白粉虱等不易捕捉的害虫，可利用黄板进行诱杀

发现白菜叶上的菜青虫要及时捕捉

性进行诱杀。亦可利用害虫的潜伏习性和假死性，进行机械或人工捕捉，杀灭害虫。常见的菜粉蝶幼虫（菜青虫）或棉铃虫则可当场捕捉或直接用镊子夹住后处理掉。庭院腐蚀之地或阳台花盆下方环境潮湿处，则是"百足之虫，死而不僵"喜食腐菜马陆的藏身地，则可在其出没的地方撒上石灰。对于有些不易预防的病虫害原则要对症用药，查明发病原因和发病部位，确诊病虫种类，再正确使用相应杀虫剂或杀菌剂。喷洒药剂时，要详细阅读说明书。

还可当好菜园卫士，自制病虫防治良方：

大蒜液：取蒜头30g，捣碎成蒜汁后兑花椒水或辣椒水500g，搅匀过滤即可喷洒驱病虫。大蒜鳞茎提取液对黄瓜枯萎病菌孢子及其他蔬菜病原真菌萌发有抑杀效应。

生姜液：将生姜捣成泥状，加水20倍，过滤后喷洒，可防叶斑病、煤污病及蚜虫、红蜘蛛。

花椒液：取花椒50g，加水500g左右，在锅中煮沸，熬成250g的药液，使用时加水2倍喷洒，防白粉虱和蚜虫。

辣椒液：取辣椒50g，加10倍水煮沸，20min后过滤，用滤液喷洒，防红蜘蛛、白粉虱和蚜虫。

番茄叶汁：将番茄叶子加少量水捣烂后，滤出原液，以3份原液加2份水搅拌均匀，再加少量肥皂液喷洒，对菜青虫、红蜘蛛等害虫的防治效果可以达到100%。

大葱汁：用大葱1kg加水400g，捣烂取汁，搅匀后喷雾，可防治菜青虫、蚜虫、螟虫等多种害虫。

烟灰液：阳台上种菜会吸引许多小飞虫，按烟蒂6g加水100g的比例浸泡24h，后用纱布搓揉并滤去残渣，或将烟灰撒于花盆土中，可消灭土壤中的害虫，还可以改良盆土。

洗衣液或皂液：洗衣液和皂液都是表面活性剂，具有渗透作用，洗衣粉按1：100的比例兑水或皂液以1：50的比例兑水，充分混合后喷施叶背或虫害处，可消灭粉虱、蚜虫、红蜘蛛、菜青虫等害虫和细菌。

当然，夏日的阳台上一定要种上一株生物捕蝇草，捕蝇草的茎很短，在叶的顶端长有一个酷似"贝壳"的捕虫夹，其瞬间闭合的两只蒲扇样的叶片能分泌蜜汁，甜甜的味道很容易吸引昆虫，当有上当受骗的小虫闯入时，能以极快的速度将其夹住，并消化吸收。

此外，阳台上还可利用植物间相生相克和共生的友好关系促进生长、趋避及预防虫害，甚至不需使用杀虫剂和化肥，几乎获得的都是有机和无污染的产品。驱避植物是对某种昆虫的取食选择性具有驱避作用，是利用作物物种多样性来调控病虫害发生。如韭菜、大蒜、金银花可防蚜；迷迭香可防蝶类寄生；与番茄共生，罗勒的香味能驱害虫，有利番茄生长，而番茄行间可栽种甘蓝，番茄的味道则驱避菜白蛾。豆角的空地下套种小白菜，小白菜亦可免受害虫之袭，而阳台上栽一株牵牛花也会有助于豆科植物生长。结球甘蓝叶片常被小菜蛾幼虫叮咬，番茄植株的气味就会驱走小菜蛾，还有莴苣的味道也会赶走结球甘蓝的死敌。

阳台上同一花盆土壤忌连作，但如果将不同宜生植物混种，则植物的防病抗病能力会加强，而且植物的种类与土壤中的微生物有着千丝万缕的联系，常常互利共生，患难与共。我国农耕文明源远流长，在农业病虫防治上也传承下许多好的种菜之法，如：油

利用植物的相生相克混栽成蔬菜组合，可驱虫防病

菜厢边栽大蒜，迫使蚜虫忙逃窜。胡萝卜中混大葱，萝卜有虫也不凶。大豆地边种蓖麻，豆金龟子远远爬。甘蓝菜地间薄荷，赶菜粉蝶出老窝。这些都可以在蔬菜间作时加以利用。

　　植物的感情世界非常复杂，不同的植物一起种植时要考虑植物是冤家还是睦邻。它们有的互掐并想将对方置于死地，属典型的冤家路窄型，是不宜混栽的坏伙伴。比如，玫瑰不能见到木樨草，它们相见就会竞争排挤。不过，植物之间，也可以成为相互扶持、相互帮助的生死之交，这种在生长过程中互相给对方好的影响或提供需要的养分并相互伴生的植物，是公认的"好伴侣"。这些好的影响可以促进彼此生长，互换生命活动的产物，是生物之间相互关系的高度发展，有的甚至还可使用强大的气味为朋友趋避及预防害虫。利用植物间的友好关系进行混合种植也是一件很有趣的事情。如茄子、红薯和毛豆，草莓、菠菜和葱，生菜和胡萝卜，大蒜和月季都可以混栽成蔬菜组合，它们能够互惠互利友谊长存，促进双方的生长发育。

　　香草都具有极强的除虫功效，通过驱赶畏惧香草气味的害虫，可以促进蔬菜生长。如金盏花、洋甘菊可以有效减少啃咬蔬菜根部的线虫数量，建议和胡萝卜、白萝卜、马铃薯等根茎类蔬菜和番茄、黄瓜混栽。蔬菜间作套种芳香类植物如薄荷、紫苏、迷迭香等可减少害虫的发生量。番茄间作薄荷和紫苏，对白粉虱驱避效果好。白粉虱在菜豆上的虫口密度最大，在大葱和芫荽均未见产卵。还可将薄荷与豆角混种，促进豆角生长并改善其风味。即使是蚯蚓也会被它的气味所吸引，为薄荷松土。荆芥是唇形科植物，气味强烈，薄荷也是唇形科重要的天然香料植物，全株都具有独特的香味，还有姜科植物都能驱除菜蛾、甲虫、蚜虫等害虫，促进甘蓝和番茄的生长。菜园中，唇形科罗勒与番茄或茄子也绝对是一对好伴侣，两者可共生并相处融洽。薰衣草的气味能驱走跳蚤和小菜蛾。洋葱和胡萝卜是友好睦邻，它们间作时散发的气味能驱走彼此身上的害虫。当然，洋葱也是韭菜、甜菜、甘蓝、油菜、豌豆、生菜和番茄的好朋友，而且还是个十足的"田间大夫"。它与众多蔬菜一起种，都会"相处"得很好，而且它的气味能杀灭豌豆黑斑病菌。蚜虫害怕而且讨厌大蒜的气味，黄瓜、豌豆、生菜、芹菜旁种上几株大蒜也会有很好的驱蚜效果。在苹果树旁种植韭菜、胡萝卜、芹菜和洋葱可以促进这些植物的生长，韭菜还可以赶走胡萝卜上的苍蝇，而且韭菜还是白菜的闺中密友。萝卜能吸引菠菜上的潜叶蝇。万寿菊也是一种著名的

被蛞蝓污染的结球莴苣

偷吸汁液的缘蝽

驱虫植物，许多昆虫都害怕它，除了可有效防治棉铃虫等害虫外，它的根还能分泌一种化学物质杀死土壤线虫，而番茄、辣椒等作物极易遭线虫为害，万寿菊则是它们的良伴。番茄旁种植的孔雀石草可以驱走白粉虱。除虫菊、大丽花、孔雀石草是提取拟除虫菊酯的原料，不仅是蚜虫、蚊虫和棉铃虫的天敌，而且同样也可以驱除杀死土壤根结线虫。矮牵牛可以驱除芦笋叶甲虫、蚜虫、烟蛾、瓢虫等害虫，也是番茄的好朋友。旱金莲是萝卜和结球甘蓝、花椰菜、大白菜和芥菜的好朋友，它能驱除蚜虫，有助于这些作物的生长。在秋葵旁边种植豌豆，豌豆不会被蚜虫侵扰。细香葱可改善胡萝卜和番茄的风味。细叶芹是萝卜、生菜和青花菜的伴侣植物，能改善它们的风味，还能驱除生菜上的蚜虫。据说连蛞蝓也能被赶走。苦瓜、葱、姜、蒜等适应性强，自身有股特殊的芳香味道，昆虫不喜接近，栽培中不需要施用农药就可生长得很好。黄瓜中伴生芹菜和木耳菜，可显著降低白粉虱、瓜蚜、叶螨的发生量，改善害虫和天敌之间的种群动态关系。烟粉虱最喜好取食的寄主植物为花椰菜，最不喜好的寄主植物是莴苣。玉米与辣椒间作种植可有效降低辣椒霜霉病的发生，也可有效降低辣椒植株上蚜虫和棉铃虫的虫口密度。

不宜混栽的蔬菜组合中，通常要避免同科蔬菜混栽在一起。比如番茄、马铃薯、辣椒等不宜种在一起，它们同属茄科，容易相互传染疫病和青枯病。还有一些蔬菜虽然不是同科，但是也不宜混栽，如草莓与结球甘蓝、马铃薯等，葱与生菜、白萝卜、毛豆等。黄瓜和番茄是冤家对头，两者混种会天天赌气。番茄是一种深根系作物，而黄瓜是一种浅根系的须根作物，两者根系分泌物互相抑制，且两者均枝繁叶茂，互相挡光遮阳，导致生长环境郁闭，易造成疫病互相滋生传染。芹菜和甘蓝、马铃薯、胡萝卜、莳萝亦是冤家。此外，马铃薯与葵花为敌，芥菜与蓖麻为敌。

韭菜和葱等葱科作物中含有香辛物质成分，可以有效抑制番茄病菌。被黄瓜等葫芦科作物视为天敌的瓜叶虫，因为非常讨厌葱的气味而无法靠近。黄瓜、南瓜、西瓜等葫芦科蔬菜很容易产生连作障碍，但通过和葱混栽，可以抑制病菌繁殖，降低连作障碍的程度。

豆类作物吸收空气中的氮后，具有肥土的功效，所以不需要施太多肥。如果把需肥量多的茄子和豆类作物混栽，不仅不会争肥，还会长得更好。这样的蔬菜搭档，除了能避免连作障碍外，还可以节省肥料哦。

园艺工具

有了必不可少的种菜用土壤、花盆、肥料、应季蔬菜种子或幼苗后，我们还需准备这些便于劳作的园艺工具，然后就可以轻松种菜啦！

一方庭院，一米阳台，一荷锄，是国人骨子里的田园诗歌，是诗意栖居不可或缺的元素。

在阳台种菜过程中，选择好不同功能特性和美丽有型的生产工具，会让您的园艺生活更舒适。要根据种菜环境选择园艺工具，以小巧实用顺手为主，美观其次，如种植铲20～30cm就能很好操作。花架、花盆、喷水壶、嫁接刀、整枝剪、土铲等，这些都是不可或缺的工具。购置工具时忌一次购全，最好根据需要分批购买园艺工具，也可自己动手从一些生活废旧品中探寻宝物并加以改造利用，这样更能体现种菜过程的发明创造和原始乐趣。

园艺用具

金属移植铲

移栽蔬菜花木的时候，铲土填坑，开垦、松土、种植，实用范围广泛。

钉耙锄

可用来掘土、整地，疏松泥土。

园艺枝剪

主要用于修剪或牵引蔬菜枝叶藤蔓等。如果剪过感染病害的枝条，应用酒精消毒或用杀菌消毒剂浸泡，防止病害在植株之间互相传播。

防护手套

园艺操作或摆弄花花草草时用于防水、防刺、防扎、防脏，还可用于防晒哦。

洒水壶、喷壶

尽管可以用洒水壶浇水，但刚播种或菜苗宝宝尚小时，不适合用水势过强的洒水壶浇水，用小小喷壶既可以喷雾，又能洒水，最合适。尽量选用出水孔细小的喷水壶，水量细小不易造成土壤被冲散或流失。也可使用带有刻度的喷壶或施肥器，消毒打药、叶面喷施、花盆洒水都可更方便掌握施用量。

小镊子

播种、间苗或拔除小草时都可以使用，也可用来夹虫子。

培土铲

向栽培盆器中装入培养土时使用，可根据土量选用不同大小型号的铲子。

园艺支架

包塑钢管的爬藤支架现在市场上比较流行，长短不一，视植物高度而定，直径4～20 mm，长度60～240cm，内芯钢管，外PE波纹包塑。可保护钢管不生锈，具耐腐蚀、耐化肥及农药侵蚀的作用，经久耐用；还可利于爬藤植物生长。选择支架粗细长短时，要结合蔬菜种类及品种生长特性考虑。如番茄、秋葵等长势较强的植物，可直立插杆或用三角支架插入土中做支撑，防植株倒伏。豆类、瓜类等蔓生蔬菜，可用爬藤三角支柱或加固型连接杆进行调节搭配。

园艺扎带

用于花枝固定或造型的捆扎材料，如将植株藤蔓或下垂枝条牵引到支柱或栅栏时用到的扎带。扎带材质各式各样，可用麻绳或棕榈绳等天然材质的绳子，亦可使用PE包塑内为金属丝的园艺扎线或漂亮的园艺塑料绑扎带。

园艺标签

如同缩小的自然课本，可记录蔬菜品种名称、产地、科属等信息，还可以将播种日期、移栽日期等进行记录，可获取更丰富的园艺学知识。有环扣式植物标签牌或园艺标识插地牌等。标签上的文字可用记号笔书写，这样插在土中或浇水时不会因雨淋水浇而消失。

Part 11

蔬菜基本栽培方法

　　熟读东邻学圃书，莳花弄草种时蔬。从种子开始，看它们冲破泥土，探出嫩嫩的小芽，长出柔软的叶片，开出美丽的花朵，结出诱人的果实……想知道它们生命的秘密吗？一步步教会你，阳台上最自然的种菜方法。

播种

1.工具准备

　　播种前需准备的物品有有机培养土、钵底石、钵底网、种子（幼苗）。当然，前期栽培容器的选择也是非常重要的。一般绿叶蔬菜或草本类蔬菜根系深为10～20cm，花盆深度以12～20cm为好；茄果类、根茎类或爬藤类蔬菜根系主要分布在土层20～30cm，花盆深度以22～33cm为好；灌木、小乔木花木及果树类根系深30～50cm，则可选用深度为33～55cm的超大花盆种植。一般市售单个标准种植箱尺寸为长39cm×宽39cm×高22cm，装土深度16～20cm，可根据蔬菜形态特征需要组装种植箱大小。

　　种植前将防虫网或钵底网放在花盆底部的排水孔上，这样可防止浇水时土壤从孔口流失，还可防害虫从花盆底孔钻入。为方便渗水，钵底石可盖住盆底。如购买的是有机营养土，可直接装入备好钵底石的盆钵中，土量要距离花盆开口高度3cm，忌装填过满。为保证植物有充足的营养，最好在花盆中先铺一层3～5cm厚的培养土，然后在培养土上撒一层蚯蚓粪或有机肥作底肥，之后再次填入营养土，覆盖上蚯蚓粪，填至九成满即可。也可按填土－底肥－再填土的步骤进行操作。之后使用洒水壶将盆土浇透，使土壤充分湿润直到水从底部渗出，有机培养土充分湿润就可以播种啦。

2. 育苗基质的配制

基质要求疏松透气、保水保肥、无毒、营养丰富，没有有害生物入侵，不带草籽、病原菌、虫卵，pH值合适。大多数蔬菜喜在中性和微酸性环境中生长。

选通风采光好的阳台一角，向种植盆中装有机培养土，土量为距种植箱上端2～3cm。若自行配土，可采用肥沃的园土，再向园土中加入粗颗粒煤渣、珍珠岩、有机肥等增加透气性和肥力，并建议施用适量的多菌灵进行土壤杀菌，可将多菌灵喷洒在土表再均匀翻到底层，每立方米用100g多菌灵即可。之后整平土面，浇透水即可待播。

3. 种子预处理

俗云：好种出好苗。种子质量的好坏对植株的生长及产量影响非常大。采用种子播种，在播前可要用心挑选籽粒饱满、胚芽完整、具有高活力的优质种子。市购种子时还要注意种子的保质期和新鲜度。一般种子包装袋上会有品种的特征特性、品质及不同地域和栽培条件下的播种期、收获期和适生环境的要求。另外，种子的生产地、发芽率、有效期等信息在购买前也要一一确认。要选择适合所在地区气候环境的种子，并按提示进行适当处理，有的种子需在高温或低温下浸种催芽。没用完的种子可与干燥剂一起放入塑料袋中密封于常温下保存或放入冰箱冷藏，记得在保质期内用完。

种子萌发的外部条件有3个：适宜的温度、充足的水分、足够的氧气。

● 播种前的处理：大部分种子播种前，需先在50～55℃温水中温汤浸种15～20min，期间不断搅拌加入热水，保持水温。然后放在湿毛巾上于25℃左右环境中催芽，当种子露白后再播种。采用种子培育能体会小芽儿破土而出的新绿与惊喜。

● 浸种：根据种子特性制定合理的浸种方案，注意浸种时间的控制。一般小面积种植的情况下，不需要催芽，但有些种子外壳坚硬，需要先浸种，或浸种前夹裂种壳，如南瓜、西瓜、苦瓜、丝瓜等种子，需清水浸种1～2d，每天换3～4次清水，洗去黏液，取出自然晾干后便可播种。还有些茄果类种子，如番茄、辣椒、茄子种子，以及黄瓜种子也可以用清水浸种30min左右，然后取出播种。

● 催芽：有些种子浸种后需催芽，即用一块湿布包裹种子，然后置于暖和的地方进行催芽，一般以25～35℃为宜。催芽时，每天用温水冲洗一下湿布和种子，以免种子发霉。待种子大部分"露白"发芽后即可点播在苗床。冬季和早春温度低时需要催芽。需要注意的是，种子幼芽萌发时，首先是胚根突出发芽孔（珠孔），俗称"露白"或"破嘴"。之后是胚轴伸长，幼芽破土而出。

● 胚芽锻炼：种子"露白"或"破嘴"后也可以给予24～48h 0℃左右的低温锻炼，以提高胚芽抗寒力，加快发育速度，提早成熟。如番茄、黄瓜、西瓜种子胚芽锻炼后开花提早。

温汤浸种

沥去水分

湿布催芽

催芽后的种子

播种

播种时的深度或播后覆土量的大小是由种子的大小或种子发芽期间的需光性决定的，一般播种深度为种子直径的2～3倍。

1.种子的需光性

大多种子在黑暗的环境中生根、发芽，但有些种子在发芽时也需要一定的光照。种子按其需光性的不同，分为厌光性、好光性和对光不敏感三类。

● 厌光性蔬菜：光照少时易发芽，如番茄、芜菁、萝卜、青椒、黄瓜、南瓜、洋葱、大葱等，播后需厚覆土。覆盖材料可用粗蛭石，它的保水性和透气性都很好。

● 喜光性蔬菜：种子发芽需要光，光照多时才能促进发芽，如芹菜、莴苣、结球甘蓝、花椰菜、紫苏、胡萝卜、茼蒿、白菜、生菜等。在播种喜光性种子时，仅需薄薄覆一层土或基质。若播种后覆土过厚，则不利于其发芽。

● 对光不敏感：大部分植物对光照要求不严格，光照或黑暗均可发芽。

播种时注意种子小的要浅播，种子大的要深播；寒冷天气播种宜深，温暖天气播种要浅。一般叶菜类的种子只需均匀撒播便可，茄果类根据种植环境不同疏密适宜，每穴播种1粒，出苗后对于缺苗的再进行移苗或补苗。播后要充分浇水，保持盆土湿润，放在阳光充足，通风良好的地方。不要积水，积水易致种子缺氧发霉。若阳台平均温度低于15℃，可覆膜保温，每天喷洒水1～2次。一般种子在20～35℃环境下，7～12d便可发芽。有些叶菜类种子，如生菜、苦苣发芽温度偏低，以15～20℃为宜，高于20℃不易发芽，所以种植生菜、苦苣选择春播或者秋播；有些作物如草莓，发芽温度30～35℃，至少需要14d才可萌芽。可将草莓种子用温水提前浸泡8～12h，待膨胀后撒播在土壤表面。草莓亦可采用根状茎分株和新茎分株的繁殖方法。

2.播种方式

主要有三种：点播（穴播）法、条播法、撒播法。

● 点播：指按一定距离进行开穴，每穴播入一粒或数粒种子，然后用消毒后的细土覆盖。播种白萝卜、樱桃萝卜等，在育苗盆土上轻压0.5～1cm的浅穴，每穴放1～3粒种子，覆平土面，待长出3～4片叶后，可保留最强壮的幼苗。辣椒、茄子、番茄、南瓜、苦瓜、冬瓜等需移栽的苗，可采用育苗容器播种，如穴盘播种或营养钵播种，每穴1粒。播种后要浇透水。

播前浇透水

每穴点播1～3粒种子

播后撒入盖籽土

小水轻浇

覆盖保湿增温

点播操作流程

● 条播：就是在土面每间隔一定距离如10～15cm，挖上一条深1cm左右的小浅沟，在条状沟中均匀地撒上种子，种子不要重叠在一起，播后覆盖薄土，用手轻按。如在种植框进行条播，可在土面划一条宽3～5cm、深1cm的浅沟，将种子沿浅沟播种，再轻轻复平土层。适合菠菜、茼蒿等绿叶蔬菜。若是混栽并想种植更多的蔬菜，则选用大的种植盆器，如选用长78cm×宽39cm×高22cm的长形种植框。

播　种

覆　土

浇　水

条播操作流程

覆盖保温保湿

● **撒播**：是将蔬菜种子均匀撒播在土面，播后盖一层消毒后的薄土，用喷壶浇湿表土层，放于阴凉处，每天早晚各浇一次。撒播适合生长周期短、种子细小的作物，如生菜、紫背天葵、不结球白菜、叶用甜菜、木耳菜、乌塌菜、油麦菜、直立紫生菜、快菜、芥菜、苋菜、芝麻菜、豆瓣菜等绿叶蔬菜。由于种子体积很少，可将种子与消毒后的细土以1：4的比例拌匀，再均匀撒播于土表。撒播要做到缓慢、轻盈、均匀。撒播完后覆盖消毒后的细土。但注意生菜种子喜光，有不感光就不发芽的特性，播后种子只需撒上薄薄的一层盖籽土就可以了。种子播后一定要记得浇水。当然，如果我们想吃这些嫩叶娃娃菜，可在播种时，将所喜爱的蔬菜种子混合进行播种，20 ～ 30d就可以收获啦。

均匀撒播于土表

少量种子宜与消毒后的培养土或育苗基质混匀

带土撒播

撒播操作流程

播种后的注意事项：关于播种后覆土的厚度，原则上是大种子要多盖一些土，小种子不覆土或者只薄薄盖一层细土，一般覆土厚度为种子宽度的2～3倍。覆土过薄易导致低温时种子"带帽"出土。播种后要注意保持土壤湿润，不要让表土变干。发芽期间，每天都要浇水，在干燥和炎热的季节里，一天可能要浇两次或更多次水。天气比较寒冷时，播种后花盆需用薄膜或保鲜膜覆盖进行保温，天热时需要进行遮阴和喷水降温。

● **营养器官繁殖**：除种子繁殖外，有些蔬菜以其营养器官（根、茎、叶）进行繁殖，如马铃薯、芋头、生姜等用块茎或根状茎繁殖，蕹菜等亦可用扦插繁殖。

选择出芽饱满的种薯（将大的种薯切成2 ～ 4块并经消毒处理后栽于盆中）

蕹菜扦插繁殖

育苗

发芽后的管理

一般来说，种子在15～25℃的温度下比较容易发芽，多数种子在6～20d内会发芽。刚发芽的幼苗非常娇嫩，需要精心呵护，才能健康成长。有的幼苗在出土期间，或因种子缺乏活力，或播种时覆土过薄，或播后遇低温，会出现"带帽"出土现象，此时要注意土表覆膜增温，细心"摘帽"，以免损伤子叶。发芽后幼苗会顺着光努力向上生长，要保证充足的阳光照射，但是在夏季的中午和下午要避免太阳的暴晒，以免晒蔫或晒死。还要避免大雨的冲淋。幼苗的根很浅，所以开始时每天要在上午喷一次小水，不要让表土变干。随着幼苗长大，可将浇水次数减少为2～3d一次。覆盖薄膜的小苗需要逐步增加日照和通风，直到完全揭去覆盖物。

间苗

播种后，小苗很快就探出头来，冒出两片子叶，然后新叶长出。随着幼苗一天一天逐渐长大，所需要的空间和养分也更多，当秧苗长到高5～8cm，需保持3～5cm的株距，因此需要将撒种不均匀或长势不好且过于密集处的一些幼苗拔掉。间苗的方式有两种，一种是单纯的间苗，过于密集处就可以用小镊子一株株轻轻拔出，或者用小剪刀直接剪掉，去除过密的、纤细瘦弱的、带病虫或不健康的苗，让长势健壮的菜苗更好地生长。另一种方法是间拔采收，即将间苗与采收相结合，将生长比较快的、大而壮的苗间下食用，让小苗继续生长。生菜、

间　苗

间除弱小的乌塌菜苗，拔取的小苗也可以食用哦

菠菜、苦菊、芝麻菜、芥菜，不同品种可混种，发芽后小苗苗壮成长。约3周后当植株长到7～8cm、菜叶非常鲜嫩时，可整株连根拔出，不断间收。有的蔬菜可间摘嫩叶，采摘后植株继续生长，如叶用甜菜、恐龙羽衣甘蓝、冬宝羽衣甘蓝等，在它们最鲜嫩的时候，于有阳光的清晨，采摘几片绿绿的叶子，清洗干净就是一口清香。

多数绿叶蔬菜可不断播种、混合播种、密集栽培，满满收获。一般在出苗后20d，小苗发出2～4片叶子时间苗和补苗，不断间苗可以保证所培育的植物有足够的生长空间，而且即使种上其他蔬菜也不会妨碍它的生长。

进行容器育苗，往往因为播种量偏大或撒种不均匀而出现密度过大或稀密不均的现象，必须及时间苗和补苗。每个容器或穴盘内保留1株健壮苗，其余苗要拔除。注意间苗和补苗前先要浇水，等水渗后再间苗，这样不会伤根。补苗后一定要再浇一遍水，但水量不要太多。

培土

为防止间苗后留下的苗倒伏，或间苗后植株根部有松动或出现凹陷的地方，要及时培土，扶正小苗。培土时可用小铁铲将土拨到留下苗的根部，轻轻压实，以稳定幼苗。

苗期管理

培　土

苗期要注意改善育苗环境，防止幼苗烂根，加强光照，控制肥水，预防徒长苗。茄果类作物苗期忌大水大肥，以免徒长，影响产量，只要保持土壤干湿合适就可，等开花坐果期再加大水肥供应。

定植

绿叶菜和大部分速生叶菜类一般直接播种在较浅的花盆或宽大的容器中，因此就省去了定植的步骤。豆类蔬菜如豇豆、菜豆等根系较浅，木栓化早，移栽不易成活，一般不进行育苗移栽。根菜类蔬菜是由直根膨大而成肉质根的蔬菜作物（块根类除外），它们的根部适于深植于土中，如萝卜、胡萝卜、根用芥菜、芜菁、根甜菜等直根类蔬菜，宜直播种植，如果进行移植，则会弄断主根，根茎会分叉变形，长出叉根。植株高大、生长期长、播种密度小、种子贵重的蔬菜需要进行育苗移栽，如茄果类、瓜类蔬菜和十字花科的甘蓝类蔬菜。另外，叶菜类中的芹菜，葱蒜类中的大葱、韭菜等，可根据不同的品种、株型及对光照的要求，合理安排定植密度。定植穴大小具体根据蔬菜根系的发达情况来定，要保证所留空间能让蔬菜根系自然伸展开。若定植后碰上炎热天气，则要进行适当遮阴，并保证每天浇水。当蔬菜叶子变得硬挺，且恢复生长时，就可以让它们晒太阳和追肥。

壮苗品质：生长健壮，生活力强，叶色浓绿、色泽鲜亮，茎秆粗壮挺拔，主根粗壮，须根多，无病虫为害，能适应定植后的栽培环境条件。

移栽前准备及定植：

第一步：在栽培容器底部铺好防虫网，放入2cm厚的钵底石或陶粒等疏松透气材料。

第二步：装入有机培养土，装填深度为20cm，注意土面距栽培容器开口3cm为宜。

第三步：采用塑料营养钵育苗的，取苗时要一手握住幼苗根部，一手取下营养钵，不要粗鲁地拔出幼苗，以免伤到根部。采用穴播的，可在取苗前先浇淋苗及床土，取苗时一手轻扶菜苗根部，一手用小铲沿菜苗根

连土带苗一起移栽

部外侧轻轻挖出，注意根部要带土移栽。若苗根部互相缭绕，可轻轻揉搓根部土壤，将小苗一株株分开，尽量多让它们的根部保留土壤。

第四步：定植。挖一小坑，将幼苗按适宜它们的株行距均匀种入栽培容器内，覆土，注意覆土要盖住根部。

第五步：浇活棵水。栽苗后要用洒水壶浇透水，一定要浇透，直到栽培容器底部有水渗出。

土壤质量、环境条件和栽培后管理将对实际收获日期和产量产生非常大的影响，特别是土壤质量，建议一定要对土壤进行消毒或市购营养土。定植时一般选择阴天或晴天的早晚进行，栽完后置于阴凉处，第二天置于向阳处。

定植后的管理

定植后的菜苗新叶渐渐长出，在光照良好的地方，它们每天都在使劲生长。记得给它们及时浇水。一般定植后每天浇水一次，炎热的夏季早晚都要浇水，叶菜类需要加大水肥。果菜类定植后3周，要开始第一次浇有机肥料，液体肥于浇水时随水浇施，固体肥浅埋土中即可。

此外，定植后主要是加强栽培管理，如整枝摘老叶、植株插支架或引蔓上架、辅助授粉、疏花疏果、除杂草及防治病虫害等。茄果类蔬菜株型较大，注意及时修剪枝叶、整枝打顶，进行植株调整。此外，还需要插架绑蔓，以免倒伏。一些蔓生蔬菜如豆类中的扁豆等，瓜类中的苦瓜、黄瓜等要插架引蔓，或用麻绳进行牵引，让植物叶片集中在麻绳上方，细茎缠绕于麻绳上。若采用单蔓

整枝，也就是只保留主蔓，则侧蔓长出后要及时抹掉，保留主蔓结果。有的卷须也应及时摘除，以免消耗过多养分。

● 疏花：摘去畸形花及其花序先端部位过多的无效花。有些蔬菜开花时数量大且超过应坐果数量，如不进行疏花，让它们都长成幼果，这些幼果大部分也会自然脱落，留下的果也不能保证质量，因此，只能人工摘除长势比较弱小的花朵，以促使养分供给剩下的健壮花果上。如茄果类和瓜类蔬菜就会采取疏花举措促进果实生长。

疏果：即人为地去除一部分过多幼果，以获得优质果品和持续丰产。阳台受生长空间及土壤养分等限制，植株结果不是越多越好，为达到品质和种植成本的动态平衡，在每穗幼果坐住后就需及时进行疏果管理。疏果时，尽量保留健壮果，疏去畸形果、弱果、小果等。

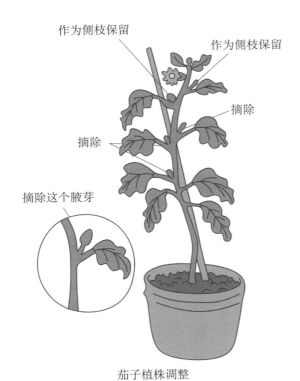

茄子植株调整

● 授粉：多数作物开花期靠风力和昆虫就可实现授粉，但有些作物除自然授粉外，还要辅以人工授粉，时间选在开花期的早上6～10点为宜。有些茄果类和瓜类蔬菜是自花授粉的，像番茄、茄子、辣椒、黄瓜等，只要等开花后轻轻摇晃一下花柄也可实现授粉。

人工授粉

昆虫授粉

● 病虫害防治：由于全程绿色有机生产，因此要在栽种前做好盆土等清洁与清毒工作，使用高温的方法杀灭土壤中病菌和害虫；按季节选用合适的品种，尽量选用抗病抗虫、抗逆的品种。如果发生病虫害，要采用物理方法如使用防虫网等进行防治，要做到尽早发现，及时摘除病叶或人工捕捉害虫。

采收与贮藏

所有蔬菜产品，不管是叶菜、根菜还是果菜，都要及时采收，以保证产品器官的色、香、味等商品品质达到最佳食用价值。阳台种菜，数量较少，如绿叶菜类，可随时摘取嫩叶或整棵采摘，以收获新鲜的食材。古谚"主薹不掐，侧薹不发"。对于十字花科蔬菜的白菜薹、红菜薹、西兰薹等，则在主薹生长到40cm左右时及时采收，利于基部腋芽不断抽发侧薹，然后不断采收。蔬菜的采收时期，取决于产品的成熟度。有的蔬菜只需达到食用上的成熟就可采摘，如茄子、辣椒、豇豆、秋葵等要及时采摘它们的嫩果或嫩荚，而且要多次采摘，以便植株不断开花结果；萝卜、西兰花等则是一次性采收它们的肉质根或花球。有的蔬菜采收的是生物学成熟的果实，如番茄、西瓜等，充分成熟后的果实品质好，产量高。

大部分绿叶蔬菜和部分瓜类蔬菜如黄瓜等，不耐低温，采收后避免干燥，可用保鲜膜套好或装入塑料袋、保鲜盒中，放入冰箱3～5℃冷藏，2～3d内要食用完才会保持较好的口感风味，注意温度不要太低，否则容易冻坏。而南瓜如以嫩瓜采食，坐果后10～15d即可采摘食用。而采收老熟瓜则要在果实充分膨大成形，果柄部分开始木质化时采收。南瓜属于存放越久，甜度和风味就越好的瓜果，采摘后要放置一段时间，让甜味和粉度增加后再吃会更可口。只需在干燥通风、阴凉透气的地方放一周就可增加南瓜的甜味。南瓜是一种耐放的食物，贮藏得当可保存6个月或更久。

若是留种第二年栽种，十字花科、茄科、豆科、葫芦科植物则要等果实完全成熟变老后采收，如苦瓜的种子可以等自己翻露出来再采收。块茎、根茎类蔬菜则要等到地下部分完全成熟再开挖采收，注意不要挖破根茎或块茎。

霜降后，将生姜、百合、芋头等地上部茎叶砍掉，然后挖出它们的根状茎、鳞茎或球茎，好好保存，避免受冻，第二年将发芽的部分种入土中，就能重新看到它们的风采了。

利用厨余垃圾制作有机肥的方法

发展都市农业可以节约土地资源，构建一个良好的生态循环系统。阳台种菜，倡导循环农业。"庄稼一枝花，全靠肥当家"。蔬菜的生长需要营养，如何变废为宝，改变厨余垃圾的命运？让我们携手做简单生活的践行者，走出一串串绿色足迹，将厨余垃圾变为天然无害的环保肥料吧。

作为城市居民，我们每个人都是垃圾的制造者。现今垃圾分类慢慢成为人们生活的基本要求，为了降低环境污染，减少城市负担，我们是不是可以靠自己的力量改变垃圾的"命运"呢？

当然可以！下面有三种堆肥法可以实现让厨余垃圾无臭无味回归土壤，操作都很简单。在家自己堆肥既能为阳台园艺提供绿色有机肥料，又能合理有效地处理厨余垃圾，将养分还给大地，给绿色植物增添活力，大家赶快动手学起来吧。

方法一：环保酵素法

环保酵素是将厨余垃圾通过微生物厌氧发酵制作而成，具较高的酸度和生物活性成分。此方法的特点是整洁干净，气味清新，适合各类阳台，特别是封闭式阳台制作。

准备材料

（1）**容器**：塑料带盖密封桶。

（2）**发酵材料**：糖∶垃圾∶水的质量比为 1∶3∶10；糖选用红糖、蜂蜜、黑糖均可；可选用鲜厨余垃圾，如蔬菜剩余物、剩余水果、果皮、茶叶渣、玉米秸等；水用自来水。全部填入量要少于容器容量的80%。

（3）**其他**：pH试纸、搅拌棒等。

制作方法

（1）先向容器中加入水，再加入糖后搅拌让糖彻底溶解，再投入切碎后的厨余垃圾，搅拌均匀让垃圾完全浸入水中。

（2）盖上盖子，放置阴凉通风处，室内室外都可。第1个月每天打开查看，通气、搅拌。第 2 ~ 3 个月出现黄色、棕色菌膜，若厨余中剩余蔬菜比例较多会出现白色霉菌，没有关系。如果出现黑色物质就表示制作失败，需再加入同等分量的糖重新开始发酵。

将厨余切碎加入红糖水中，3个月后制成环保酵素肥

制作完成

放置3个月后，使用pH试纸测试酸碱度，当pH值低于4，就表示环保酵素制作完成。成品酵素原液是混合了酒精味和醋酸味的棕色液体，如果投入了有清香气味的厨余垃圾，如橘子、柚子、柠檬、菠萝等剩余物，还会带有水果的清香。原液中含有的纤维酶、脂肪酶、蛋白酶等成分可以起到去污作用，乙醇、醋酸菌可以起到一定的杀菌作用。将原液加入500倍水稀释，当成清洁剂除臭喷雾使用，也可以作为液肥施在植物花草周围。而酵素渣晒干后混入泥土里，便是纯天然的有机肥料。酵素是时间的产物，没有用完的环保酵素可继续放置，时间越长越醇香。

方法二：通气式堆肥法

通气式堆肥法是通过让好氧微生物发酵使厨余垃圾腐化成肥料的方法。该方法不易产生异味，操作灵活，容器选择比较多。

准备材料

（1）**容器**：不密封的桶、箱、花盆、编织袋等，箱、桶需要在底部和侧面打些小孔，以利于通风和排水。

（2）**堆肥材料**：土壤、厨余垃圾（果皮、蔬菜剩余物、蛋壳、咖啡渣、茶渣等）、疏松介质（落叶、枯枝、米糠、木屑、干草等）。

（3）**其他**：喷壶。

制作方法

（1）容器底部铺一层土，放一层切碎的厨余，再放一层疏松介质，如此循环直到厨余垃圾用完，然后全部压实，最后在上面铺一层较厚的土壤（可以防臭防虫）。再有厨余重复以上步骤，直到填满整个容器。

（2）将堆肥放置在避雨、通风较好的地方，保持土壤微微湿润，既不能有积水，也不能太干燥。夏季需要 3～4 个月，冬季需要 5～6 个月完成堆肥。

简单易学的"三明治堆肥法"

（3）加速发酵的办法。加入豆粕、酸奶、酵素等帮助发酵；有阳光可以翻拌晒一晒，再用喷壶加湿，让堆肥的温湿度提高，以加快堆肥腐熟。加入微生物菌剂可大幅度加快堆肥发酵速度，无论什么季节可以 1 个月左右完成堆肥。

制作完成

堆肥成熟的标志是没有任何臭味，有清新的泥土气息，呈棕黑色，松软状态，一般里面还会有没完全腐烂的粗枝。成熟的堆肥可以直接作为营养土种植蔬菜或作为有机肥施给需要植物的周围。也可以将其作为蚯蚓养殖土，进行蚯蚓堆肥。

方法三：蚯蚓塔堆肥法

蚯蚓是种很可爱的小动物，它每天能吃掉相当于他自己体重的厨余垃圾，这种堆肥利用的是蚯蚓本身和它的粪便。因为蚯蚓需要活动的空间，所以蚯蚓塔堆肥法适用于面积较大的户外菜箱、菜园等。

准备材料

（1）**容器**：长度为菜箱高度两倍的粗塑料管（食用级别）。

（2）**材料**：蚯蚓（赤子爱胜蚓），厨余垃圾宜选择果皮、蔬菜剩余物、蛋壳、茶叶渣、腐败的水果等，不用油、盐、辣椒、柑橘、大蒜等刺激性食物和豆浆、牛奶等液体。

（3）**其他材料**：顶盖（比管子口径大的碗、花盆等）、铲子、电钻。

制作方法

（1）容器的一半要深埋入土中，为了方便蚯蚓进食，需要用电钻（或其他工具）将管子的一半钻上很多小孔。

（2）在菜园中找一个方便随时添加材料的地方，用铲子根据管道直径深挖一个垂直到底的洞，把管道钻孔部分全部埋入土中。在容器底部加入少量园土，投入蚯蚓（过多的蚯蚓可埋入周围的土中），再将厨余垃圾切碎放入容器内，最后盖上顶盖防止雨水和蚊虫飞入。之后不断往容器中投入厨余垃圾给蚯蚓喂食即可。

（3）土壤温度15～26℃，湿度60%～80%为最适宜环境，干燥季节应经常给菜田的土壤加湿。只要食物充足、环境适宜，蚯蚓就会一直繁殖。

制作完成

蚯蚓本身能疏松菜田土壤，增加土壤有机质并改善结构，还能促进酸性或碱性土壤变为中性土壤，增加磷等有效成分，使土壤适于农作物的生长。蚯蚓粪更是温和而营养丰富的肥料，通过3个月的养殖，蚯蚓粪会堆积在容器外土壤的表层，栽种完农作物之后，铲下菜园表层的土就能收集到蚯蚓粪土了，它可以用来充当底肥或拌土用于养花和种菜，也可以作有机肥使用，有提高土壤肥效、改良土壤、避免盆土返碱的作用。

管道上的小孔是蚯蚓进出的通道，厨余垃圾投入管中，蚯蚓就可以开心进食啦

栽培篇

Part 1

夏日阳台主角茄果类蔬菜

齿颊生芬，蔬味无穷。茄科的番茄、辣椒、茄子，葫芦科的黄瓜、西瓜、南瓜，这些食用果实类的蔬菜，是夏秋阳台蔬菜的主角，它们总是惊艳时光，于抽枝展叶中边现蕾、边开花、边结果，有着长长的采收期和浓浓的"口水欲"。十字花科的紫甘蓝、西兰花、白菜、萝卜，它们富含抗氧化物质、营养素和含硫化合物，堪称蔬菜界的"爱马仕"，然而，它们却是日常的饮食，深受地球人推崇。

从"狐狸的果实"到菜园里的"红宝石" 番茄

番茄健身栽培要点

播种期：3～4月

发芽温度：20～30℃

移栽期：4月底至6月初

适宜生长温度：20～30℃

收获期：6月上旬至10月

栽培容器（1株）：盆口直径30cm×盆高30cm

放置环境：日照充足、通风良好

番茄又称番柿、蕃柿、西红柿，为茄科番茄属一年生草本植物。茎秆有绒毛，散发出类似蒿的特殊气味，以多汁浆果供食。原产于南美洲安第斯山脉的秘鲁和墨西哥，是一种生长在森林里的野生浆果，因其色彩娇艳，当地人把它当作有毒的果子，视为"狐狸的果实"。16世纪传入欧洲，人们如获至宝般把它种在庄园里，作为"情人果"赠送给爱人。直到17世纪，一位勇士抵挡不住它的诱惑，冒死尝试了一颗，之后人们才敢安心享受这酸酸甜甜的口感，并冠以"红宝石"之名博得众爱登上了人类餐桌。在中国，番茄先由花谱入果谱，再入蔬谱，正式将番茄列为蔬品并广泛传播栽培始于清末民初，1916年成书的《清稗类钞》中有番茄成为可以食用的大众蔬菜的记载。如今，番茄是世界上种植最为普遍的蔬菜。樱桃番茄是由醋栗番茄驯化而来，相比大果番茄，小果番茄具有较高的营养价值和观赏价值，香味醇厚，美味可口，而且富含番茄红素，是阳台蔬菜的主角。市场上番茄产品琳琅满

目，果实形状各异，或成串，或成簇，或单个，圆形、椭圆形、扁圆形、矩形、长形、梨形、心形和牛心形等，颜色丰富多彩，红色、紫色、粉色、黄色、橙色、黑色等。不同品种的小番茄颜色和口感也不一样，可将不同的品种在阳台上混杂种植，宝石般的果实让人赏心悦目，又充满口水之欲。

基本习性和特点

光照偏好 性喜阳光，光照不足会影响坐果和产量，要在光照充足的条件下进行培育。

温度偏好 喜温暖，耐热怕寒，生长适宜温度20～30℃。

水分偏好 耐旱，耐湿耐涝性差。

植株大小 株幅50～70cm，株高120～180cm（因品种不同植株大小差异显著）。

土壤要求 对土壤适应性广，以土层深厚、肥沃疏松、保水保肥力强的壤土或沙壤土为宜。

容器选择 选择圆形深盆或种植箱（容量≥15L），要在深一些的盆中放入足够的土，让根部充分生长，并要搭好稳固的支架。

主要病虫害 适宜的环境在促进番茄生长的同时也使得病菌和害虫大量发生。阳台空间相对密闭、通风性差、光照弱等造成番茄病害发生严重，特别是在高温高湿条件下，番茄青枯病、枯萎病等土传病害极易发生。白粉虱、蚜虫等也是阳台生产中的主要害虫。发现蚜虫立即用胶带将其粘除，发现白粉病则将病叶及时摘除。

品种类型

按植株生长习性可分为有限生长和无限生长两大类型。

有限生长类型　又称为自封顶品种，其植株矮小，开花结果集中，熟性早，适合矮架或无支架栽培。

无限生长类型　植株会不断生长，茎蔓生，分枝不断发生，不因形成花序而封顶，长到一定高度时细弱的茎干无法承受植株重量而倒伏，因而在生长中需采用支架栽培。

按果实大小又可分为大果、中果和小果型。大果型番茄品种有百利、京番白玉堂、普罗旺斯等，多为无限生长类型，单果重在150g以上。小果型番茄单果重10～30g，以樱桃番茄中多汁的软果型品种为好，如圣女果、亚蔬6号、京丹1号、亚非1号、千禧、凤珠、黄妃、小可爱等。

不同类型的番茄品种

栽培要点

发芽　番茄的种子很小，可以放到湿巾上，保持湿润和通风，1周左右就会发芽。

播种　番茄适合在春天播种，25～28℃是发芽的适宜温度。发芽后的种子播于营养钵中，置于散射光的通风处。

两片子叶番茄苗

苗壮成长的番茄苗

育苗与定植　待幼苗长出5～8片叶后，就可以将秧苗移栽到花盆或大容器中，置于阳光充足的地方开始栽培。株型较大的品种应选尺寸稍大的栽培容器：长33cm×宽33cm×高30cm。选择好花盆，用盆底网覆盖住花盆底部的出水孔，然后铺钵底石，再填入有机培养土。注意要选择健康的优质秧苗，采用倾斜倒置的方法将苗子从育苗盘中轻轻取出。之后在花盆中央挖一坑，将带土的苗子定植花盆中，覆薄土于根茎部。注意要浅栽，苗子的土壤高度要比花盆周围的土壤高一些。可选用精美的栽培容器，搭配种植香草或其他开花植物，但要让番茄的根部有足够的生长空间。如不想育苗，可市购长出8～10片叶的健壮商品苗，这样会更简便。

插架　番茄是蔓生草本植物，茎蔓支撑能力差，故需搭架绑蔓和引蔓上架，以改善其生长环境。待秧苗长到30cm左右即可搭架引导植株生长，可在距离主干3～6cm的地方插上一根长150～180cm的园艺支架，用园艺扣或包了塑胶的铁丝将主干和支架呈"∞"字形绑在一起，绑架时让主干与支架间留有一定空隙，以利枝干增粗。番茄架材长短依据栽培方式不同而异，还可用三角式或灯笼式支架，诱导小番茄植株呈螺旋式向上生长。也可用绳子进行番茄吊蔓生长。

绑蔓　随着植株的不断生长，茎蔓会越来越粗，所以用"∞"字形结进行捆绑比较好。注意勿在花下捆绑，以免损伤果实。

"∞"字形绑蔓，剪去枝叶或抹去腋芽

授粉　人工授粉可促进结果。番茄一朵花中长着雌蕊和雄蕊，授粉时，用棉棒或软毛笔蘸取雄蕊的花粉，擦到雌蕊的柱头上即可。

及时插架绑蔓，让番茄直立向上生长

一串串花开，授粉后就能坐果啦

也可在开花时，轻轻摇动花枝进行人工授粉，每天进行一次。

摘心　当植株超过支架继续向上生长时，要摘除主枝尖端的嫩芽，只保留花芽和2～3片叶子，以阻止植株继续长高。采用吊蔓方式时则可落蔓让顶蔓继续生长。番茄生长势强，茎秆的每个节位上都会分生腋芽，而每个腋芽都能萌发成枝叶，消耗养分，因而在番茄生长过程中，要不断进行摘除侧芽及整枝、打杈、疏叶等来调节生长，以达到更好的通风透光效果，促进番茄健康生长。

肥水管理　夏天浇水在早、晚进行。番茄耐旱能力强，怕水浸，忌积水。当花朵萎谢，果实开始膨大时，每周施一次有机肥，埋在容器边缘，尽量不接触到根系，以免伤根。

采收

果实串串，形如铃铛。樱桃番茄的果实会结成穗状，完全成熟前，要让它充分接受阳光。成熟番茄有着鲜亮诱人的外表，但果实熟透后会开裂，或连续干燥天气后浇水过多也会引起果实膨胀开裂，要在这之前收获，充分享受成熟的美味。

干燥天气后浇水过多会引起果实膨胀开裂

食用功效

番茄酸甜可口，味道鲜美，风味浓郁，富含抗坏血酸维生素C和类胡萝卜素等多种营养素和矿物元素，每100g鲜果中维生素C含量为15～25mg，有较好的保健作用和防止血管硬化、预防高血压的功效。所含有的果胶和果酸还具非常好的美容养颜功效，能促进人体新陈代谢，增强皮肤的紧绷感，减少脸部色斑和延缓衰老，这也是番茄风靡全球的原因。而且富含强大抗氧化作用和抗癌作用的番茄红素，可保护人体不受香烟和汽车废气中致癌毒素的侵害，并有抗紫外线辐射功能，可提高人体防晒能力。

番茄鲜美风味源于种子周围大量的谷胱甘肽和番茄红素等特殊物质

味辣，色红，甚可观　辣椒

辣椒健身栽培要点

播种期：2～4月
发芽温度：18～32℃
移栽期：4月至5月初
适宜生长温度：20～30℃

收获期：5月下旬至11月
栽培容器（1株）：盆口直径25cm×盆高25cm
放置环境：日照充足、通风良好

辣椒又名番椒、海椒、辣子、辣茄等，为茄科辣椒属一年生或多年生草本植物，以肉质浆果供食。原产于中南美洲，15世纪传入欧洲，17世纪传入东南亚，在世界各地均有种植。辣椒在我国普遍种植，广泛食用。我国最早关于辣椒的记载出现在明代《遵生八笺》（1591年）中，"味辣，色红，甚可观"。之后辣椒在我国一路"高歌猛进"，势不可当，现今我国辣椒常年种植面积达213万 hm^2 以上，约占全国蔬菜种植面积的10%，占世界辣椒种植面积的40%，产值和效益均居蔬菜作物之首。辣椒的营养成分相当丰富，一颗普通的鲜红椒身体里，就蕴含着一座营养宝库。其维生素C含量居蔬菜首位，而且还富含维生素A、维生素 B_1、维生素 B_9 及铁、镁、钾、铜等矿物质。辣椒的诱人滋味和丰富营养在人类的饮食中扮演重要角色，更是国人餐桌上的主要蔬菜和调味品，深受国人喜爱。辣椒是植物进化中的一个特异，从沙漠到热带雨林呈现广泛分布的多样性和适应性的进化机制，而辣椒素则展示了其进化之美。辣椒枝叶平滑，叶色深绿，果实多彩而明艳，朝天或向下生长，外皮纤薄，果形多样，珍珠、灯笼、风铃、火炬，其独有的辣椒素有着让人欲罢不能的味道，并衍生出人类食物史上一种奇特的食辣潮流。

基本习性和特点

光照偏好　喜光，光照充足有利于提高产量。

温度偏好　喜温暖，生育适温为20～30℃。开花结果期，白天温度保持在25～28℃，夜间15～20℃。不耐寒，在热带地区也可多年生长。

水分偏好　喜肥沃、排水性好的壤土，以土壤含水量60%～70%为好。耐旱，耐涝性差。

植株大小　株幅50～100cm，株高50～120cm。

土壤要求　对土壤适应性广，以土层肥沃疏松、保水保肥力强的壤土或沙壤土为宜。土壤pH值以6.2～7.2为宜。

容器选择　选择圆形深盆或种植箱（容量≥12L）。

主要病虫害　病毒病、疫病、疮痂病、炭疽病、粉虱、蚜虫、棉铃虫等。

品种类型

在世界范围内已知的辣椒种类有5万种左右，它们基本来源于5个栽培种，分别为一年生辣椒、中国辣椒、灌木辣椒、浆果状辣椒和茸毛辣椒。其中一年生辣椒(C. annuum)是世界上栽培最广泛、类型最丰富的种，包括长椒、灯笼椒、圆锥椒、樱桃椒和簇生椒5个变种，我国现有栽培辣椒品种绝大多数都属于这个种。在不断栽种传播的过程中，产生了丰富多样的种质类型，形成了千姿百态的地方特色品种，如云南涮椒、四川二荆条、海南黄灯笼等均为我国重要的辣椒种质资源。辣椒是阳台盆栽观赏佳品，市场上可供选择的品种非常丰富，可根据辣味强度进行选择，一般选择辣味浓烈又赏心悦目的品种，如作为调味的朝天椒类型一株就能满足全家的需要。辣椒产量高，8～10株牛角椒类型的辣椒果实就足够供应一个家庭。如想尝试挑战超辣品种，可选择卡罗莱纳死神辣椒或龙息辣椒品种。

圆锥椒

灯笼椒

满天星

五彩簇生椒

线 椒

风铃椒

彩星椒

断魂椒（又称"印度魔鬼椒"）

朝天椒

千姿百态的辣椒品种

栽培要点

播种　辣椒适合在春天播种，25～28℃是发芽的适宜温度。幼苗4月底至5月上旬便可移植到25cm×25cm花盆中。

发芽　辣椒的种子很小，可以放到湿巾上，保持湿润和通风，1周左右就会发芽。

育苗与定植　发芽后将种子播入育苗钵中，置于具散射光的通风处，待苗高15cm，长出5～8片健壮叶时，选节间短、根系发达且显大花蕾的健壮椒苗移栽到大容器中。注意采用倒置的方法将苗子从育苗钵中叩出。多孔育苗盘则直接拔苗，拔苗前浇水，拍打苗盘让基质与盘体分离，以便拔苗。

插架　当辣椒植株长到50cm高时，要沿主干插架进行培育，以防植株倒伏。一般在离主干3～5cm处插入一根90cm长的园艺支架即可，也可用小竹子代替。采用"∞"字形轻松固定茎秆与支架，注意不要用园艺绑带或绳将植物茎秆绑缚过紧。

整枝打杈　辣椒在生长过程中，腋芽或侧枝会不断长出，而整枝打杈可有效去除腋芽和内膛枝，从而减少养分消耗，改善植株通风透光性，避免株间郁闭，还可以延长植

辣椒种子

5～8片叶时选健壮苗定植

定植成活后的椒苗

株高50cm左右，及时插架绑枝

花果皆可观

满满一盆巴西小喙辣椒，可观可尝

株生长期、提高辣椒产量和品质。辣椒整枝时尽量精细化，做到去弱不去强，将门椒下部的侧枝全部抹除，门椒也要尽早摘收，以利植株生长。生长中后期，去除老化枝条，以利通风和促进后期果实生长。可根据株型尝试不同的整枝方式。双干整枝：一般在辣椒分杈后15d进行，留2个外侧主枝，其余细弱主枝全部去除；三干整枝：辣椒分杈后15d进行，留3个健壮主枝，其余侧枝全部去除；四干平面整枝：辣椒分杈后15d进行，留4个主枝即可。如果温度适宜，还可在辣椒上色后7～8月用剪枝再生的方式进行生产，11月份可继续采收。剪枝时仅保留一个枝干，亦可将"四门斗"以上侧枝剪去，然后将植株放于背阴处，剪去的枝部会再长出侧枝，再度开花结果，这样就可以周年生产，不断收获啦。

辣椒授粉　辣椒属于自花授粉作物，在生长过程中借助风力可自然授粉。但在辣椒花开时要营造适宜的生长环境，充足的光照和适宜的温度是辣椒提高开花坐果率和丰收的保障。

肥水管理　浇水要在早晚进行，辣椒怕水浸，不要积水。开花坐果期要控制水分，在早晨浇小水。门椒坐住后可浇一次大水，利于果实膨大。果实开始膨大时，每周施一次有机肥，同时还可喷施0.3%～0.5%的磷酸二氢钾溶液，促进果实膨大。

采收

辣椒的果实在开花后15d即可采收小嫩椒，此期青涩的果实最为温和，可充分享受小青椒的美味。干制辣椒则在充分红熟后收获。辣椒采收的乐趣在于从绿色时便可采收，直到冬季来临，可随着辣椒转色变红依次收获。

食用功效

　　辣椒味道辛辣，其辣味来自诱人的辣椒素。辣椒素能够起到降血压和降胆固醇的功效。辣椒性辛味辣，可消水气，解瘴毒，还可温中燥湿散寒、祛风发汗、行痰逐湿，但多食动火，久食发痔，齿痛咽肿，阴虚内热者尤应禁食。鲜为人知的是，辣椒叶味甘甜鲜嫩，亦可药食两用。

采收的青红椒

果实多彩而明艳，其辣味浓郁厚重

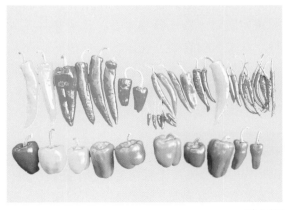

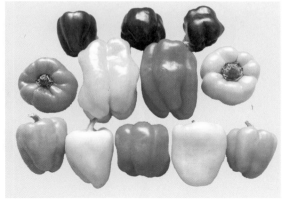

诱人的辣椒果实

果实胎座部分的辣椒素类物质含量最高

辣椒的红色产业

不断膨大的水灵灵浆果　茄子

茄子健身栽培要点

播种期：2 ~ 3月

发芽温度：24 ~ 32℃

移栽期：4月底至5月初

适宜生长温度：20 ~ 32℃

收获期：5月下旬至11月

栽培容器（1株）：盆口直径26cm×高28cm

放置环境：日照充足、通风良好

茄子是茄科茄属中以浆果为产品的一年生草本植物，起源于亚洲南部热带地区，古印度为其最早的驯化地，中国是茄子的第二起源地。茄子又名落苏、昆仑紫瓜，是我国及东南亚和非洲等地区的重要蔬菜。茄子营养丰富，性凉味甘，风味独特，深受人们喜爱。在阳台上种植的乐趣是可从初夏开始采摘，不断收获至深秋。而且，茄子喜高温，生育旺盛，只要土壤肥沃、阳光充足，在哪都能茁壮生长。

基本习性和特点

光照偏好　喜光，光照充足有利于提高产量。

温度偏好　喜温暖，耐高温，不耐霜冻，植株在-2 ~ -1℃时冻死。茄子生育适温为20 ~ 30℃，对高温适应性强，35 ~ 40℃条件下茎叶仍能正常生长，但在15℃以下，生长发育迟缓受阻，低于5℃，茎叶会受到伤害。

水分偏好　与其他夏季蔬菜相比，茄子尤其喜水，栽培成功的关键就是保证充足的水分。而且耐旱、耐湿，不耐涝。

植株大小　株幅50 ~ 70cm，株高100 ~ 120cm。

土壤要求　对土壤适应性广，以土层深厚、肥沃的壤土或沙壤土为宜。

容器选择　茄子根系发达，主要分布在30cm土层，选用圆形深盆或种植箱（容量≥15L）。

主要病虫害　青枯病、绵疫病、灰霉病、棉铃虫、烟青虫、蚜虫等。

茄子种内变异丰富，不同品种形态变化多样，有圆茄、卵茄、长茄及野生茄，其品种繁多。观赏茄子植株优雅，果实独特，颜色艳丽，适应性强，抗逆性强，可选蛋茄、非洲红茄、五指茄，阳台种植可结合当地气候条件，根据个人需求和喜好选择品种。华北地区以栽培圆茄为主；东北以黑紫色长棒形茄为主；华南以紫红长茄为主；江浙等地以线茄为主；湖南、江西等地茄子品种相对丰富，主要以长茄和卵茄类型为主。

卵茄　　青茄　　柿子茄　　鸡蛋茄　　长茄　　半野生茄

不同类型茄子品种

栽培要点

催芽 可采用温汤浸种催芽。用55℃温水浸种30min，后在室温下继续浸种8～10h，之后轻搓洗净种子上的黏液，捞出晾干种子表面水分后催芽，催芽温度为25～30℃，茄子种子发芽的最低温度15℃。

茄子种子

播种 待65%～70%的种子露白时，即可播种。茄子适合在早春播种，25～28℃的温度是发芽的适宜温度。播种前基质要保持湿润状态，将催过芽的种子点播在育苗盘中，覆0.5cm厚薄土，然后放置在阳光充足的通风处。

育苗 苗龄50～60d发芽后置于有散射光的通风处，温度保持25～30℃才能迅速出苗。出苗后夜间保持15～18℃，白天保持20～26℃。茄子一般在3～4叶时花芽分化，待第一朵花现蕾（门茄），标志着植株从幼苗期的营养生长向生殖生长并进过渡，此时植株已长出5～8片叶，可以移栽到大容器中。定植时保持株距30cm。

定植 盆底铺满钵底石，装入有机培养土至六成满，然后取出茄子苗，注意不要让根团散开。挖开定植的位置，然后轻轻放入茄子苗，再填入培养土至离盆口3cm处，浇透水，直至盆底有水渗出，待2～3d缓苗后置于阳光充足的地方，就完成定植。栽种茄子时还可以将紫苏一块定植在同一花盆中，可预防茄子病虫害哦。当然从初夏到深秋，紫苏也有着长长的采收季。

整枝摘叶 采用双干整枝，及时打杈，在对茄形成后，剪去2个外向侧枝。也可保留主干和2条侧枝，如保留主干和初花下方的两个侧枝，或在初花上下各留一个侧芽，形成三杈式结构，其余腋芽都要抹除。当门茄开花后，要将门茄以下过于繁密的侧枝及靠近根部的侧枝全部摘除，以免通风不良。门茄以上的侧枝可适当整枝，以利于光合作用制造养分。每级发出的侧枝在茄子长到鸡蛋大小时，留2～3片叶摘心。对茄坐果后，门茄以下侧枝及时去除；门茄直径4～5cm时，及时去除门茄及以下老叶。茄子摘叶可减少营养消耗，促进茄子着色，还能避免阳台郁闭，预防病虫害的发生。摘叶时顶部新叶与中上部叶片不可摘除，下部老叶、病叶和过密的叶片及时摘除。

搭架 茄子株型高大，当株高50～60cm时，在距茄苗3～4cm处支2～3根长

茄子植株

约90cm的支架，也可进行吊蔓生长。

绑枝 随着植物的生长，茎会越来越粗，所以以"∞"字形的结进行捆绑比较好。注意勿在花下面捆绑。

摘心 当植株超过支架继续向上生长时，要摘除主枝尖端的嫩芽，以阻止植株继续长高。

授粉 一般情况下无需授粉。为提高坐果率，可进行人工授粉。茄子一朵花中长着雌蕊和雄蕊，授粉时，选晴朗的上午，先将花药的花粉敲出，再用棉棒或使用干净的小刷子蘸取花粉，然后涂抹雌蕊的柱头上从而实现授粉受精。低温弱光下花粉管停止伸长，易引起落花，可用浓度为20 ～ 30mg/L 2, 4-D蘸花保果防落花。

紫色茄花，当雌蕊成熟时，花药筒顶端的小孔开裂，花粉会散落在雌蕊的柱头上

疏花疏果 保留状态好的花果，及早摘除次花和畸形花果，以便集中养分，保证主花不断结果，植株硕果累累。如果植株长势较弱，枝条较细，记得第一朵花要及时剪除哦，否则很可能会影响茄子后续生长。

肥水管理 浇水要在早、晚进行，茄子怕水浸，不要积水。当花朵萎谢、果实开始膨大时，需要更加充足的水分，最好结合浇水每周施一次有机肥，埋在容器边缘，尽量不接触到根系，以免烧伤植株。

剪枝再生 7月下旬至8月上旬茄子树生长较弱，影响结果状态，此时可对植株进行剪枝，每枝剪去1/3、留3片叶子，或直接将过密的枝条进行一次修剪，2 ～ 3周后植株又重新恢复了活力，会有新的枝叶长出，但要记得每隔半月追施一次秋肥，1个多月后就会再次开出迷人的紫色小花，秋后可不断品尝到美味的秋茄子了。

采收

茄子采收掌握采嫩不采老的原则，要注意适时采收嫩茄，否则会影响茄子口感和品质。延迟采收果实老化，还会加重植株负担，影响连续坐果。茄子膨果速度快，一般开花后15d即可采收质感柔滑鲜嫩的茄子。如果是长茄品种，则在果实长到10cm以上开始采摘。采后的茄子应在10 ～ 12℃下保存，温度过低，会失去光泽。

食用功效

茄子营养丰富，含有蛋白质、脂肪、碳水化合物、微量元素、各种维生素及生物碱等成分。茄子中还富含维生素P，其含量在蔬果中居首位，每100g鲜茄子中维生素P含量高达700mg，尤以紫皮中含量最高，具有保护心血管和活血化瘀、祛风通络及消肿止血功效。茄子含有多种保健作用的生物碱，如龙葵碱能抑制消化系统等肿瘤的增殖，对胃癌、肺癌、子宫癌等癌细胞增生有抑制作用。此外，茄子中的维生素E有防止出血和抗衰老功效。茄子有清热活血、宽肠通便之功效，常食茄子对慢性胃炎、痛经和肾炎水肿等也有一定食疗作用，但秋后的老茄子含有较多茄碱，过量食用会产生生理毒性，不宜多吃。

Part ②

瓜类蔬菜

　　葫芦科中以果实供食用的植物。属一年生攀缘草本，喜温耐热，茎多蔓生，雌雄同株异花，易天然杂交。果实多为肉质浆果，风味各异，如黄瓜、西瓜、甜瓜等果实解渴，易消化，还有水果的清香。

可以当水果吃的美味夏季蔬菜　黄瓜

黄瓜健身栽培要点

播种期：4 ~ 5月	适宜生长温度：25 ~ 30℃
发芽温度：16 ~ 33℃	收获期：6月底至7月
苗期：春季25d；夏季15d	栽培容器（1株）：盆口直径28cm×盆高25cm
移栽期：5 ~ 6月	放置环境：日照充足、通风良好

　　黄瓜是葫芦科一年生、蔓生攀缘草本植物。西汉时期张骞出使西域带回中国时称为胡瓜，后因"五胡十六国"时期的后赵皇帝石勒忌讳"胡"字，改为"黄瓜"，也称青瓜。黄瓜可食用的

部分是果实，果实完全成熟后呈现黄色，我们平时吃的是尚未完全成熟的嫩果。黄瓜是大众蔬菜，刚采摘的黄瓜水嫩欲滴，清爽可口，既可生食、做酱菜，又可烹调，且在抗癌、美容等方面又有其重要地位，所以深受人们的喜爱。

基本习性和特点

光照偏好　喜光也耐弱光，光照充足有利于提高产量。
温度偏好　喜温不耐寒，生长适宜温度25～30℃。
水分偏好　喜湿、怕涝，不耐旱。
植株大小　蔓长2m左右。
容器选择　圆形深盆或种植箱（容量≥15L）。
主要病虫害　霜霉病、细菌性角斑病、病毒病、瓜蚜等。

品种类型

黄瓜在我国各地普遍栽培，品种更是多样化，按照是否有刺，可以分为有刺黄瓜和无刺黄瓜；按照颜色深浅可以分为白黄瓜和青黄瓜；按照生态型可以分为华北型黄瓜、华南型黄瓜、欧洲温室型水果黄瓜、欧美露地型黄瓜等。

华南型黄瓜

小型水果黄瓜

华北型黄瓜

家庭种植黄瓜要选择合适的品种，如果种植地点是在庭院、屋顶等宽敞、光照充足的空间，那么可以随意选择品种；但如果种植地点是狭窄的阳台，建议选择以主蔓结果为主的品种，这样植株占用的空间更小。

栽培要点

育苗与定植　在盆中放入播种用的培养土，浇足水分后，以点播的方式播下2～3粒种子。黄瓜根系木栓化比较早，断根再生能力差，一般采取直播，或采用营养钵、穴盘育苗移栽方式。如果决定采用穴盘育苗，可以在植株长出2～3片真叶时带育苗基质一起移栽，以免破坏根系。移栽时，圆形盆可以将植株定植到盆的正中间，长方形容器栽培2株或以上的苗，苗与苗之间保持30cm左右的株距，定植好后要浇透水并将植株搬到阳光充足的地方。

黄瓜种子在播种之前可先催芽处理

播种7d后长出两片子叶的黄瓜苗

搭架引蔓　阳台种植黄瓜搭架很关键，一般卷须出现时需搭架引蔓。圆形盆可以搭塔式支架，种植箱则可以搭"人"字架。搭好支架后，要及时绑蔓，一般每隔3～4片叶绑一次，架杆和蔓呈"∞"字形，可防止蔓与架杆摩擦或下滑，绑得不能过紧，空隙以插进食指为宜。每次绑蔓要尽量使瓜蔓顶端固定在同一高度以便于管理，绑蔓最好在下午进行，避免折伤蔓和叶。

长出5片真叶并长出卷须时，开始搭架引蔓

种植箱适合搭"人"字架，每隔3～4片叶进行绑蔓，防止瓜蔓倒伏

圆形花盆可搭塔式支架引蔓上架

授粉　移植1个月后，金黄色的小花朵竞相绽放，雄花和雌花长在同一株植物上，区别出雌花和雄花，就可进行人工授粉让它们多多结果。雄花的花萼小，花梗细长，没有子房。雌花花梗粗壮，花基部长有子房，子房的形状多为纺锤形，形似小黄瓜，一眼就能分辨出来。授粉时摘下雄花，摘除雄花的花萼、花瓣，露出雄蕊，然后用雄蕊轻触雌蕊柱头即可

雄花花梗细长，没有子房

雌花花梗粗壮，有形似小黄瓜的子房

人工授粉，轻轻地将雄花的花粉涂在雌花柱头上

| 雌花受精后，子房膨大发育成果实 | 逐渐膨大的黄瓜果实 | 单性结实的小黄瓜，不授粉也能结出果实 |

完成授粉。授粉成功后，花朵会在1周枯萎，后期子房会膨胀变大，发育成果实。欧洲水果型小黄瓜的雌花可单性结果，可不进行人工授粉。

　　肥水管理　施足基肥是阳台种植黄瓜稳产高产的关键之一。黄瓜根吸收力弱，对高浓度肥料反应敏感，追肥以"勤施、薄施"为原则，开始坐瓜时第1次追肥，以后每采收2批瓜追肥1次，要重视磷、钾肥，以避免徒长、早衰。浇水原则上为轻浇勤浇，以浇淡水为宜。

　　摘心　摘心可促进回头瓜的生长，摘心的时间应根据品种特性而定，以主蔓结瓜为主的品种，当主蔓爬到架顶时摘心；以侧蔓结瓜为主的品种，应在主蔓4～5片叶时摘心，保留两条侧蔓结瓜。夏秋黄瓜植株生长很快，下部侧蔓一般不留，中上部侧蔓可酌情留1瓜1叶再摘心。

　　掐卷须、打老叶　黄瓜自第三片真叶展开后，每一叶腋间都生卷须，消耗大量的营养，因此当卷须长出后应及时掐去。黄瓜生长后期，下部叶片黄化干枯，失去光合作用机能，影响通风透光，可将黄叶、病叶及个别密生叶打去。

采收

　　黄瓜一般在定植后35d左右开始结瓜，采收期40～60d。采收要适时，当瓜条顶端由尖变圆、黄花未谢、颜色脆嫩欲滴时采收，此时瓜条已充分长大，又不老，是采收适期。采收过早，产量低，汁液少，风味差；采收过晚，皮厚硬，品质差。

黄瓜搭架整枝、绑蔓、抹芽及摘除畸形瓜

阳台高度不够可保留1～2根侧蔓，并对爬到架顶的主蔓进行摘心，这样可结更多的瓜

食用功效

抗衰老　黄瓜中的维生素E，可起到延年益寿，抗衰老的作用；黄瓜中的黄瓜酶具有很强的生物活性，能有效地促进机体的新陈代谢。用黄瓜捣汁涂擦皮肤有润肤、舒展皱纹的功效；黄瓜片或黄瓜汁还可修复晒伤，让肌肤焕发活力哦。

降血糖　黄瓜中所含的葡萄糖苷、果糖等不参与通常的糖代谢，故糖尿病人以黄瓜代淀粉类食物充饥，血糖非但不会升高，甚至会降低。

减肥强体　黄瓜中所含的丙醇二酸，可抑制糖类物质转变为脂肪。此外，黄瓜中的纤维素对促进人体肠道内腐败物质的排除和降低胆固醇有一定作用，能强身健体。

黄瓜外可美容，内可排毒，这种美味美容还减肥的蔬菜一直就是全球女士们所追捧的食材。

不传己苦与他物的"君子菜" 苦瓜

苦瓜健身栽培要点

播种期：3月中下旬至4月上旬
发芽温度：20 ~ 30℃
移栽期：4月中下旬
适宜生长温度：25 ~ 30℃

收获期：5月底至10月初
栽培容器（1株）：盆口直径30cm×盆高25cm
放置环境：日照充足、通风良好

苦瓜是葫芦科苦瓜属一年生攀缘性草本植物，又名：凉瓜、锦荔枝、癞葡萄等，食用部分是果实，因其具有一定的药用保健功能，作为健康蔬菜而深受人们青睐。苦瓜起源于非洲热带地区，在中国栽培历史约600年。明代初年还未普遍栽培，至明代中后期才较多地为南方人所食用，至今仍以华南地区栽培较多。苦瓜是春播春植蔬菜，果实纺锤形、圆筒形、棒形和圆锥形等，果表多瘤状突起，成熟后橙黄色，具有独特的苦味。其缠缠绕绕的茎蔓作为天然"绿色窗帘"，近年来在庭院广为栽种，并颇有人气。

苦瓜藤爬满棚架，果实累累悬挂棚中

苦瓜爬墙种植，形成天然绿帘

基本习性和特点

光照偏好　喜光不耐阴，光照不足易落花落果。
温度偏好　喜温不耐寒，生长适宜温度25 ~ 30℃。

水分偏好　喜湿不耐涝，积水易烂根。

植株大小　蔓长4m左右。

容器选择　圆形深盆或种植箱（容量≥19L）。

主要病虫害　白粉病、枯萎病、疫病、瓜实蝇、蚜虫、瓜绢螟等。

品种类型

我国苦瓜品种和类型丰富多样，按果形分有纺锤形、卵形、棒形、圆锥形和圆筒形等；按果表面特征分有条状瘤品种、突状瘤品种、刺状瘤或条粒瘤品种；按果实颜色可分为浓绿、绿和白三种类型。一般条状瘤品种果肉厚实，苦味较淡；突状瘤较大的品种苦味适中；突状瘤细小的品种苦味较重。绿色和浓绿色品种苦味较淡，长江以北栽培较多；淡绿色和白色品种苦味较浓，长江以南栽培较多。阳台种苦瓜可以根据自己的口味偏好来选择品种。

丰富多样的苦瓜品种

常见栽培品种：

（1）蓝山大白苦瓜：果实长圆筒形，果面瘤状突起明显，色泽乳白。

（2）兴蔬春华：极早熟，主蔓结瓜为主，第一雌花节位6～8节。瓜长28～32cm，瓜粗5.5cm左右，肉厚0.9cm，白绿色，瓜条圆筒形，突状瘤，商品性好，单瓜重约450g，味稍苦，适应性广。

（3）湘妹子玉秀苦瓜：果实长棒形，果皮白绿色，条粒瘤，肉质甘脆微苦，品质好。

（4）江门大顶苦瓜：果实圆锥形，果肩平，果皮深绿色，突条瘤相间。

（5）金韩绿秀苦瓜：果实圆锥形，绿色突状瘤。

栽培要点

浸种催芽　苦瓜种壳较厚，为了让其快速发芽，播种前可先嗑开种壳浸种催芽。播种前将种子用50～55℃温水浸泡约15min，自然冷却后继续浸种4～6h，使其吸水膨胀，以促进发芽，浸种后用湿布包好，置于30℃左右的环境下催芽，种子露芽3mm左右即可播种。

种壳嗑开小口的种子

在温水中浸泡4～6h

用湿布包好，放在30℃左右环境中催芽

1～2d种子发芽

播种　向育苗盘中装入适量的准备好的营养土，浇足水后将萌芽的种子播入穴孔内，也可将未催芽的种子直接播入育苗盘中，每孔播1～2粒，然后覆盖上一层1.5cm左右厚的薄土即可。

移栽　当育苗盘中的幼苗长出2～3片真叶时就可以移栽定植。移栽时，圆形盆将植株定植到盆的中央，长方形盆可以按照25～30cm株距定植，定植后要立即浇上压蔸水。

用较大的育苗钵育苗，将发芽的苦瓜种子浅埋入营养土中

苦瓜真叶渐显

当幼苗长出2～3片真叶时可以移栽

搭架引蔓、整枝　由于苦瓜枝蔓不仅向上生长，而且主蔓生侧蔓，侧蔓还生副侧蔓，整个植株会不断地横向生长，因此在庭院、屋顶等宽敞的空间最好挂上爬蔓网或搭好棚架来供植株攀爬，阳台种植则可以采取搭塔式支架的方式。这项工作既可以在移栽幼苗时进行，也可以在移植数周后进行。搭好棚架或挂好爬蔓网后要及时引蔓上架或上网。当蔓长60cm左右时绑一道蔓，之后每隔4～5节绑一道，每次绑蔓时都要使各植株的生长点朝向同一方向。阳台苦瓜以主蔓结瓜为主，要及时摘除侧蔓，在苦瓜生长的中期和后期应及时去除基部的老叶、病叶及多余的弱侧蔓，以利通风透光。

授粉　苦瓜为雌雄同株异花，花器较小，阳台种植的苦瓜在开花阶段需进行人工授粉。授粉通常在上午8～10时进行，将当天开放的雄花花粉涂抹到雌花的花柱上即可。若庭院种植的苦瓜不进行人工授粉，自然授粉也会开花结果，只是坐果率下降，畸形瓜增多。

肥水管理　苦瓜生长期较长，开花前一般不需要追肥，开始采摘后每采摘1～2次追肥1次，追肥可结合浇水进行。水分管理保持土壤湿润即可，以防渍水沤根。

及时搭设支架，当蔓长60cm时应绑第一道蔓

苦瓜"∞"字绑蔓

阳台立架种植

采用2.2m长的园艺包塑钢管搭架引蔓

雄花花梗细长，没有子房　　　　　雌花花梗粗壮，有形似小苦瓜的子房

采收

　　一般雌花开花后12～15d，当苦瓜表面的瘤状物突出膨大且有光泽就可以采收。以早晨采收为好，用剪刀从基部剪下，以免损伤瓜蔓。

食用功效

苦瓜果实与雄花

　　清热、消暑、解毒　　苦瓜中的苦瓜苷和苦味素能增进食欲，健脾开胃，还可益气解热，养颜嫩肤；所含的生物碱类物质奎宁，有利尿活血、消炎退热、清心明目的功效。

　　防癌抗癌　　苦瓜汁在临床上对淋巴肉瘤和白血病有效；从苦瓜籽中提炼出的胰蛋白酶抑制剂，可以抑制癌细胞所分泌出来的蛋白酶，阻止恶性肿瘤生长。

　　降低血糖　　苦瓜的新鲜汁液，含有苦瓜苷和类似胰岛素的物质，具有良好的降血糖作用，是糖尿病患者的理想食品。

　　苦瓜独特的苦味可清凉去火，而且有不传己苦与他物的品质，被誉之为"君子菜"，是炎炎夏季清心应景蔬菜。

老熟后呈网状纤维的瓜　丝瓜

丝瓜健身栽培要点

播种期：3月中下旬至4月　　　适宜生长温度：20～30℃
　　　　上旬　　　　　　　　　收获期：5月中旬至10月上旬
发芽温度：25～30℃　　　　　　栽培容器（1株）：盆口直径30cm×盆高28cm
移栽期：4月中下旬　　　　　　　放置环境：日照充足、通风良好

　　丝瓜是葫芦科丝瓜属一年生攀缘藤本植物，原产于南洋，明代引种到我国，其嫩瓜柔滑甘甜，可煮食，具有较高的营养和药用价值，成为人们常吃的蔬菜。胜瓜和水瓜，在园艺学上都叫丝瓜。胜瓜又称有棱丝瓜，水瓜亦称无棱丝瓜。丝瓜果实内呈网状纤维，老熟后为丝瓜络，全体由维管束纵横交错而成，可作厨房清洁用抹布，环保低碳。丝瓜长势旺盛，种植起来非常容易，只需要搭好攀爬网架就可以收获一张天然的夏季遮阴降温"帘布"。

基本习性和特点

光照偏好　光照充足果实生长快，光照不足不易坐果。
温度偏好　喜温不耐寒，生长适宜温度20～30℃。
水分偏好　喜湿不耐涝，积水易烂根。
植株大小　蔓长4m左右。
容器选择　大型盆（容量≥19L）。
主要病虫害　病毒病、枯萎病、瓜食蝇、蚜虫、瓜绢螟等。

品种类型

　　丝瓜分普通丝瓜（无棱）和有棱丝瓜两大类。普通丝瓜又分短粗型和细长型，短粗型多为早熟品种，如湖南肉丝瓜、上海香丝瓜、四川合川丝瓜等；细长型有南京的长丝瓜、长江流域的线丝瓜、武汉的白玉霜丝瓜、蛇形丝瓜等。有棱丝瓜又叫洋丝瓜，棒形，无茸毛，有棱，嫩瓜肉脆，种子稍厚，我国华南地区栽培较多。

普通丝瓜（无棱）和有棱丝瓜

栽培要点

浸种催芽　将种子放入55℃温水中烫种15min，不断搅拌，待水温降到25℃时，再浸种5～6h，然后用清水洗净种皮上的黏液后用湿布包好，置于25～30℃种子催芽箱催芽，2～3d后，待80%种子露白即可播种。

浸种后的丝瓜种子　　　　　在保湿容器中催芽　　　　　发芽后待播种子

播种　将种子点播到育苗穴盘中，覆土厚1.5cm左右，并浇透水。也可将未催芽的种子直播于相应容器中，每穴1～2粒种子，温度适宜时5～7d出苗，温度较低时可覆膜保温。

移栽　当长出3～4片真叶，在穴盘底部可以看到白根时，选择晴天的午后移栽定植。移栽时，圆形盆将植株定植到盆的中央，长方形盆可以按照25～30cm株距定植，定植后要立即浇上

长出两片子叶、两片真叶的幼苗

压蔸水，然后将植株放到阳光充足的地方。

搭架引蔓　和苦瓜一样，由于丝瓜枝蔓不仅向上生长，而且主蔓生侧蔓，侧蔓还生副侧蔓，整个植株会不断地横向生长，因此庭院或屋顶种植最好挂上爬蔓网或搭建棚架供植株攀爬。当然，阳台种植可以采取搭塔式支架的方式。这项工作既可在移栽幼苗时进行，也可以在移植数周后进行。搭好棚架或挂好爬网后要及时引蔓上架或上网，当蔓长60cm左右时绑一道蔓，之后每隔4～5节绑一道，每次绑蔓时都要使各植株的生长点朝向同一方向，这样结出来的丝瓜就会吊蔓自然生长。有的阳台比较小，则更适合使用圆锥形或三角形支架栽培，让主蔓沿支架生长，藤蔓缠绕其上，以高效利用狭小空间。

在长形种植箱中，每棵苗搭设一根爬杆，引蔓向上生长

摘心打顶　阳台种植丝瓜应以主蔓结瓜为主，要及时摘除侧蔓，以保证主蔓瓜营养供应。在屋顶、庭院种植丝瓜，当蔓长60cm时，要及时将主蔓顶部摘除，以促进侧蔓生长。在丝瓜生长的中后期应及时去除基部的老叶、病叶及多余的弱侧蔓，以利通风透光。

授粉　丝瓜为雌雄同株异花植物，花器蜜腺发达，庭院种植可吸引蜂蝶传粉，阳台种植需在开花阶段进行人工授粉，提高丝瓜结果率。授粉通常在上午的8～10时进行，花朵下面带着小丝瓜的是雌花，花瓣下面光秃秃的是雄花，将当天开放的雄花花粉涂抹到雌花的花柱上。完成授粉后，花朵开始凋

丝瓜花香味浓郁，吸引蜜蜂帮助传粉

谢，果实不断膨大。

肥水管理　丝瓜开花前可不施肥。结瓜前每隔10d施1次腐熟有机肥，共施2次，避免偏施氮肥。结果期一般每采收2次瓜追施一次速效复合肥。丝瓜生长需充足水分，气温低时应隔3～5d于晴天中午前浇水，夏日高温时可早、晚各浇水1次。

采收

丝瓜开花后7～10d就能够采收，此时顶端的花开始干枯，手握瓜身感觉有弹性。若需留种则应等瓜皮变黄、种子完全成熟后再采收。

食用功效

美容　丝瓜富含维生素A、维生素C等成分，能保护皮肤，使皮肤洁白、细嫩，丝瓜藤茎的汁液还具有保持皮肤弹性的特殊功能，能美容去皱，故丝瓜汁有"美人水"之称。

抗坏血病　丝瓜维生素C含量较高，可用于抗坏血病及预防维生素C缺乏症。

健脑　丝瓜维生素B等含量高，有利于小儿大脑发育及中老年人大脑健康。

抗病毒、抗过敏　丝瓜提取物对乙型脑炎病毒有明显预防作用。在丝瓜组织培养液中还提取到一种具抗过敏性物质——泻根醇酸，其有很强的抗过敏作用。

香浮笑语乐生水，凉入衣襟骨有风 　西瓜

西瓜健身栽培要点

播种期：4月初
发芽温度：21 ～ 30℃
移栽期：5月上旬
适宜生长温度：28 ～ 32℃

收获期：8月
栽培容器（1株）：盆口直径28cm×盆高25cm
放置环境：日照充足，通风良好

西瓜是葫芦科西瓜属一年生蔓性草本植物，原产非洲南部卡拉哈里沙漠，后逐渐北移到古埃及和苏丹栽培，再传到古希腊和古罗马帝国，至此，古罗马地区普遍种植。之后传至伊朗，并于唐代初期经古"丝绸之路"从西域传入我国，所以称其为西瓜。西瓜虽源于域外，却自古以来深受国人喜爱。西瓜属性阴寒，水多肉稀，称之为"寒瓜"。西瓜风味诱人，口感甘甜爽口，果汁充沛丰盈，含水量高达96%，具有解渴、清爽消暑的功效，故有"天生白虎汤"的美称。

基本习性和特点

光照偏好　喜光，生长需充足的日照时数和光照强度。
温度偏好　喜温不耐寒，生长适宜温度28 ～ 32℃。
土壤要求　在通透性良好的沙性土壤中生长品质较好。
水分偏好　耐旱不耐涝，湿度过大易感病。
植株大小　分枝能力强，主蔓长2 ～ 3m。
容器选择　圆形深盆或种植箱（容量15L或以上）。

品种类型

西瓜品种很多，按照果皮颜色的不同可分为黑皮、绿皮和花皮西瓜，按照果肉颜色的不同可分为红瓤西瓜和黄瓤西瓜，按照果实大小的不同可分为大果型西瓜和小果型西瓜。家庭阳台种植建议选择果型小的品种，如礼品型西瓜等。

黄麒麟西瓜　极早熟、黄瓤小果型礼品西瓜，可

汁水丰盈的小果型西瓜

食可观。果实发育期25d，单瓜质量2kg，皮厚3～4mm，耐贮运。果瓤酥脆爽口，风味极佳，品质优良。

前需浸种。亦可将种壳嗑开一条缝，以利发芽。种子先用55℃的温水浸泡3～4h，后在20～30℃温度下催芽2～3d。在育苗盘中装入准备好的营养土，浇足水分后将种子播入穴孔内，出苗前温度保持在25～30℃，育苗基质要保持湿润，出苗后要及时取掉幼苗两片子叶上的种壳。

栽培要点

播种　播种前选晴天晒种，有利于种子出苗整齐。西瓜种子由于种壳厚、胚仁不饱满，凭借自身力量很难破壳出苗，因此播种

西瓜种子

长出两片子叶和一片真叶的幼苗

移栽定植　待幼苗长出2～3片真叶时即可定植。定植前将基质装入种植箱或花盆并整平，用喷壶浇水使基质充分吸水，每盆定植1株，定植后3～4d，适当遮阳，待西瓜缓苗后开始生长时，逐渐增加光照强度和光照时间，一般3～5d后即可全天正常光照管理。

移栽后的幼苗苗壮成长

搭架引蔓　西瓜可以选择搭塔式支架或"人"字排架，也可用吊蔓栽培。搭好支架后要及时绑蔓、引蔓，以便使茎叶得到充足的光照。

种植箱搭"人"字爬架，开花坐果前控制水肥，防止植株徒长

坐果期雌花完全凋落，此时应保证水分供应，有利果实膨大

去芽、留果　阳台或露台种植西瓜时，除主蔓外通常只需保留一根侧蔓，形成双蔓植株，其余侧枝全部摘除，平时还要及时理蔓和摘除病老黄叶。以第2或第3雌花留瓜，尽量一根枝蔓只保留一个西瓜，及时将发育不好或多余的幼瓜从根蒂部剪掉。如果植株生长十分健壮，出现2个长势良好、大小接近的果实，则可以2个果实都保留，后期必须保证肥水充足，但决不能再贪多了，一旦发生植株营养不良等问题则会一无所获。果实直径10cm左右或长到垒球大小后，用网袋将果实装好，并用绳子吊起来以支撑果实的重量。

肥水管理　幼苗期应尽量少浇水，甚至不浇水，促使幼苗形成发达的根系。当主蔓长至60～70cm时，在瓜蔸附近追施复合肥。开花坐果前控制水分，防止疯长；坐果以后，应保证充足水分供应，以利果实膨大，增加重量。当果实有鸡蛋大时再追施一次尿素、硫酸钾，并根据生长情况喷施叶面肥磷酸二氢钾。采摘前10d要少浇水，这样西瓜会更甜。缺水时应在气温较低的早、晚灌水，盆中或根部不宜积水，否则易造成烂根烂藤。

授粉　西瓜有雌花和雄花，雌花的子房膨大发育成果实，雄花的根蒂部不会膨大，很容易分辨。阳台种植西瓜，想要顺利结果必须进行授粉，在有雌花和雄花同一天开花时，清晨摘取雄花，将雄花的花粉涂在同时

瓜藤上开放的第一朵雄花

雌花带有小西瓜型子房，完成授粉后花朵逐渐枯萎

开花的雌花柱头上即可。每个枝蔓上只需要有一个成功授粉的果实就可以了。在敞阔、有蜜蜂等昆虫的环境下，则无须人工授粉。

采收

西瓜生命力顽强，但需要光照充沛时果实才会成熟。采收时间也因品种而异，一般早熟品种从开花到成熟需20～30d，中熟品种需30～35d，晚熟品种需35～40d。当西瓜充分长大，皮上花纹开始变得清晰时就可

采用格子架，让瓜蔓沿墙面爬架生长

每根枝蔓保留一个西瓜，其余幼果及时去除，摘瓜前要少浇水

以收获了，最佳采收时间为西瓜十成熟时，此时瓤质松爽，糖度最高，且口感品质最好。

食用功效

清热解暑，除烦止渴：西瓜中含有大量的水分，在急性热病发烧、口渴汗多、烦躁时吃西瓜症状会马上改善。

西瓜所含的糖和盐能利尿并消除肾脏炎症。吃西瓜后尿量会明显增加，并可使大便通畅，对治疗黄疸有一定功效。

黄瓜味的迷你西瓜　拇指西瓜

拇指西瓜健身栽培要点

播种期：3 ~ 4月

发芽温度：25 ~ 28℃　　　　收获期：8月

移栽期：4 ~ 5月　　　　栽培容器（1株）：盆口直径25cm×盆高22cm

适宜生长温度：16 ~ 30℃　　　放置环境：日照充足、通风良好

　　拇指西瓜是葫芦科马㼎儿属一年生藤本植物，别称佩普基诺、墨西哥酸黄瓜、墨西哥迷你瓜，原产于墨西哥、中美洲等地区，因果实外观和果皮上的花纹像超小型西瓜而得名，是一种新型可观可食、营养价值很高的高档水果，又称迷你西瓜。它的外观与普通西瓜无异，长仅2 ~ 3cm，径粗1 ~ 2cm，单果质量5 ~ 8g，只有拇指大小，迷你又可爱，内瓤为青绿色，清脆爽口，外皮柔滑细嫩，可直接鲜食、做蔬菜沙拉或腌制，有黄瓜的清香味，但又带点柠檬味。株高可达2.0 ~ 2.5m，瓜叶小而尖，浅裂，一般在第11 ~ 14节出现第 1 朵花，花黄色，雌雄异花同株，果实生长缓慢，观果采收期可长达90d。

基本习性和特点

光照偏好　较喜光，光照充足有利于生长。

温度偏好　喜温耐寒，不耐霜冻，生长适宜温度16 ~ 30℃。

水分偏好　喜湿，耐旱能力强。

植株大小　主蔓长约2 ~ 4m。

容器选择　圆形深盆或种植箱（容量10L或以上）。

品种选择

拇指西瓜大多数是国外引进品种，家庭阳台种植选择适合当地气候条件的品种即可。

催芽　播种前对种子进行消毒，采用温汤浸种法，将种子缓慢倒入55℃温水中，边倒边搅拌，维持恒温浸泡10～15min，杀灭种子表面病菌。水温降到20℃左右时停止搅拌，再浸泡4～6h，洗净后用湿毛巾或湿布包好，滤掉多余水分，放在恒温催芽箱内进行催芽，温度保持在25～28℃，待种子露白时即可播种。温度高时可直接播种。

雌花开放时需人工辅助授粉

结出拇指大小的果实应及时采摘

播种　将催芽后的种子种植在育苗盘中，种子埋没深度为1～2cm，播种后用蛭石覆盖并刮平，用水浇透育苗盘，覆盖一层薄膜保温保湿。一般3～5d即可出苗，出苗后尽量多见光，基质干时及时浇水。

移栽　播种后25～35d，待育苗盘中西瓜苗长到四叶一心时即可定植。定植时要连同育苗盘中的泥土一起移栽到种植容器中，移栽后要浇足水。

搭架引蔓　拇指西瓜前期生长较为缓慢，当植株长至5～7片叶时开始吊绳引蔓。一般定植后25d左右，在第11～14节出现第1雌花，第15节以后开始迅速生长，为保证植株健壮生长，前15节果实需摘除。拇指西瓜以侧蔓结瓜为主，生长期间无须整枝，主蔓上萌生的侧蔓可全部引蔓上架，但要及时修剪和清除老弱枝叶，保证植株正常开花结实。

水肥管理　定植时浇透定植水，在缓苗期不浇水、不追肥。拇指西瓜是生长迅速的浅根蔬菜，滴灌宜采用小水勤浇的方式，15节前每3～5d浇1次水，15节后每2～3d浇水1次，根据天气状况可适当调整浇水间隔。

未及时引蔓的拇指西瓜苗缠绕在一起

15节开始追肥，每10d追施复合肥或磷酸二氢钾液1次。也可同期追施叶面肥。

促坐果　日常管理中，需要进行人工授粉，这也是阳台种植拇指西瓜保证坐果的必然选择。拇指西瓜不易坐果，也可以利用植物生长调节剂促进坐果，在雌花开放时可用20mg/L氯吡脲喷洒幼果。

采收

播种60～70d、果皮刚软化及时采收，每隔3～4d采收1次，或待其自然落果后收集。及时采收不仅能确保植株正常开花结果，还能避免植株早衰和畸形瓜的形成，从而提高产量。

食用功效

拇指西瓜中含有大量维生素C，可与贵族水果"车厘子"相媲美，并富含钾、镁等矿质元素，蛋白质含量高达12.6%，还含有大量生物活性酶。除当作零食或开胃食品直接食用外，还能用作夏季沙拉配料，或取其果汁制成冰糕解暑，亦可酱制加工成多种美食。

生长期间藤蔓自然随性爬满墙面

可当玩具的瓜　观赏南瓜

观赏南瓜健身栽培要点

播种期：3月中下旬至4月上旬

发芽温度：25 ~ 30℃

移栽期：4月中下旬

适宜生长温度：18 ~ 32℃

收获期：8月

栽培容器（1株）：盆口直径30cm×盆高28cm

放置环境：日照充足、通风良好

　　观赏南瓜类群是葫芦科南瓜属一年生蔓性草本植物。观赏南瓜的果实有的像小小的人参果，有的像鳄梨，有的像飞碟……颜色鲜艳，外形奇特，观赏性极强。与其他可食性南瓜相比，它们容易生长，果实更具装饰性，整个生长期都充满无穷童趣与勃勃生机。当你看到阳台上挂满各种琳琅满目的观赏南瓜时，收成对你来说不那么重要了，你会有按捺不住想要拍照的冲动，这是你一定会做且必须要做的事儿，赶紧拿起相机记录下这值得骄傲和纪念的景色吧。

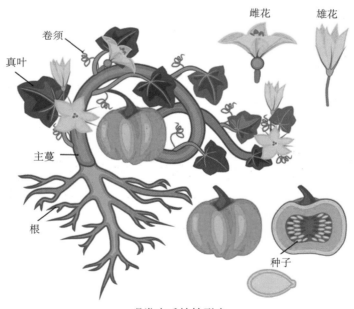

观赏南瓜植株形态

基本习性和特点

光照偏好　喜光，光照充足有利于生长。

温度偏好　喜温，较耐高温，生长适宜温度18 ~ 32℃。

水分偏好　吸水和抗旱能力强，不耐涝。

植株大小　蔓长约4m。

容器选择　圆形深盆或种植箱（容量20L或以上）。

品种选择

观赏南瓜有观赏、食用兼备型，也有只供观赏、色彩艳丽型。其中，可供食用的品种有桔瓜、熊宝贝、香炉瓜、贝贝迷你、红栗等；只作观赏用的品种有金童、玉女、佛手、龙凤瓢、鸳鸯梨等。阳台种植可根据个人喜好来选择品种。

琳琅满目的观赏南瓜

贝贝南瓜　迷你型南瓜，外形独特小巧，扁圆，瓜皮薄，色泽墨绿有光泽，果肉橙黄，粉糯香甜，单瓜重300 ~ 600g，又称"板栗南瓜"。

鸳鸯梨南瓜　以观赏为主。果呈梨形，果实底部为深绿色，上方为金黄色，并有淡黄色条纹相间，果实小巧可爱。适应性强，连续结瓜性好，单瓜质量100 ~ 150g。观赏期可达1年。

栽培要点

催芽　播种前2 ~ 3d用50 ~ 55℃温水浸种10min，后用干净的纱布包裹种子，放入30℃温水中浸种3 ~ 4h，然后将种子搓洗干净，用纱布包裹，保持湿润，进行催芽，种子露白后即可播种。

播种　将催芽后的种子点播在育苗穴盘中，每个穴孔播种1～2粒，播后覆土厚约1.5cm，用水浇透育苗盘，温度保持在28～30℃。出苗后，转动1～2次育苗盘使瓜苗受光均匀。

南瓜种子　　　　　　　　　南瓜发芽长出两片厚实的子叶

移栽　幼苗长出4～5片真叶时带育苗基质定植，定植深度以盖住育苗基质为宜，定植后浇足水。因其以观果为主，需要结果多、观赏期长，故宜定植在肥沃的盆土中。

搭架引蔓　观赏南瓜以主蔓结瓜为主，当株高25～30cm时要及时引蔓、绑蔓，可用竹竿、铁丝等作主体支架，用尼龙绳辅助固定，采取环绕方式引茎蔓向上生长。架形上根据空间和材料自主搭成圆桶形、葫芦形、宝塔形等，提高观赏效果。主蔓上架后，适当留1～2条侧蔓。后期要及时剪除老病叶、畸形果及多余侧枝、卷须，以减少养分消耗，促进通风透光。

肥水管理　观赏南瓜需肥量较大，抽蔓至开花前，可每10d适量追施浓度0.2%～0.3%尿素液，促进植株营养生长。结果盛期，可每7d追施磷酸二氢钾，促进植株生殖生长，提高坐果率。施肥不能太靠近根部，以免烧根。注意观察植株状态，随时保持盆内土壤湿润，追肥1～2d后要浇水，每次的浇水量宜少不宜多，春季不宜傍晚浇水，夏季不宜中午浇水。

授粉　阳台种植由于缺乏风、虫等媒介，雌、雄异花植物需进行人工辅助授粉，宜在开花当天上午进行，将雄花摘下，去掉花瓣，留下花蕊，然后将雄花贴近雌花柱头授粉。

保留主蔓，引蔓上架，充分利用空间面积　　　长有子房的雌花，花开时进行人工辅助授粉

采收

观赏南瓜具有独特的吸引力，如果用于观赏或制作艺术品，可让它们尽情生长，经过漫长、炎热的夏季，它们才有鲜艳的外表。霜冻前在果实充分老熟后采收，一般可保存1年左右。如果用于食用，可在开花后20d左右，瓜皮未变硬前采收。如贝贝南瓜则可在坐果后40d左右采收，存放15d后果实粉糯香甜，口感更佳。

小果型南瓜可多留果，每节一果悬挂蔓间

中、大果型南瓜宜少留果，以保证不断膨大的果实营养充足

食用功效

南瓜富含糖类、维生素、微量元素、蛋白质等，具有较高的营养价值。其营养成分以碳水化合物为主，维生素含量丰富，属低脂食物，有较好的润肠通便功效。同时南瓜作为高钙、高锌、高铁及低钠食品，特别适合中老年人和高血压患者食用，有利预防骨质疏松和高血压。南瓜的胡萝卜素含量丰富，是维生素A的优质来源。

餐桌上来份直接蒸笼上菜的鲜甜小南瓜，瓜肉厚实饱满，色泽橙黄诱人，连皮一起吃，口感沙沙糯糯，满嘴都是金色的栗子香，绝对颜值与口味兼备。

贝贝南瓜甜品

Part ③

绿叶蔬菜

　　绿叶蔬菜种类繁多，它们能够提供柔嫩爽脆的叶片和嫩茎，且大多易于栽种，生长迅速，适合在光照充沛、排水顺畅、富含有机质的小空间种植。大多数绿叶蔬菜在播种后1周可发芽，整个生长期要及时浇水、除草，1个月后就可以定期间苗或采摘娇嫩的叶片食用。为使花盆中长期有新生的力量，可以将多种绿叶菜混合种植，分批播种，分批采收，并定期补种，每隔几周也可选种新的绿叶菜进行替换。

空心　蕹菜

蕹菜健身栽培要点

播种期：3月下旬至8月初均可　　　收获期：5月上旬开始

发芽温度：25℃左右　　　栽培容器（1株）：盆口直径15cm×盆高15cm

移栽期：4月中旬　　　放置环境：日照充足、通风良好

适宜生长温度：25～30℃

蕹菜是旋花科番薯属一年生或多年生蔓生草本植物，植株光滑无毛，茎中空，节上生有不定根，8月下旬开花，花冠白色或淡紫色，呈漏斗状，形如牵牛花。蕹菜原产东南亚和我国热带多雨地区，性喜温暖、湿润气候，不耐霜冻，适宜生长在潮湿地带。在湖南、广西、贵州、四川称空心菜，湖北俗称竹叶菜，福建称通蕹菜，江苏称藤藤菜，广东称通菜。其主要食用部位为幼嫩的茎叶，与番薯嫩茎叶的味道相似，可炒食、凉拌或做汤菜。蕹菜质地清嫩，口感爽滑，营养丰富，每100g鲜菜中含钙147mg，居叶菜首位，含钙量几乎与牛奶相当，维生素A比番茄高出4倍，维生素C比番茄高出17.5%。除供蔬菜食用外，尚可药用。蕹菜采收期长，在长江流域各地4～10月都能生长，是夏秋季普遍栽培的绿叶蔬菜。

蕹菜除食用外，也可作阳台浅水绿化观赏植物，还可从楼顶或露台吊垂自由生长，形成天然绿瀑，与庭院环境相映，别有一番风趣。

基本习性和特点

光照偏好　喜光，苗期光照不足时植株弱小，容易徒长。

温度偏好　性喜温暖，耐炎热，不耐霜冻，温度25～35℃生长茂盛，10℃以下生长停滞。

水分偏好　喜潮湿环境，抗旱能力差。

植株大小　株幅40～50cm，株高30～40cm。

容器选择　圆形盆或种植箱（深度15～22cm）。

蕹菜分为旱生和水生两大类。旱生蕹菜为籽蕹，在旱地栽培，开花结籽多，有红花和白花两种，白花籽蕹品质好，产量高。水生蕹菜为藤蕹，品质比籽蕹好，生长期长，产量高，开花甚少，难结籽，常用茎蔓繁殖。蕹菜非常容易种植，阳台种植可根据个人喜好选择品种。

蕹菜白花与红花品种

栽培要点

种子处理　种植蕹菜可以用种子繁殖，也可用茎蔓直接扦插繁殖。采用种子繁殖时，直接播种发芽较缓慢，可用30℃的温水浸泡种子12～18h，浸泡后用湿纱布包好放到28～30℃的条件下催芽，有半数露白即可播种。

播种　在种植盆中放入培养土，挖深约1cm的小穴，每穴点播2～3粒催芽后的种子，间距30cm左右，再覆盖0.5～1cm的培养土，浇透水保温保湿即可。

蕹菜种子　　　　　　　　　　催芽后的种子　　　　　　　　　种子萌发的幼芽

肥水管理　　种植前应施足基肥，植株长到15cm左右时可施少量氮肥或腐熟鸡粪，之后视生长情况适度追肥。蕹菜喜潮湿且不怕涝，阳台种植要注意保持土壤湿润，高温干旱季节，要勤浇水、浇足水，水分不足时，藤蔓纤维增加，会影响口感。

藤蕹常用茎蔓扦插繁殖

茎蔓扦插繁殖（每段带一个茎节）

去除较大的叶片，扦插在湿润的营养土

蕹菜生长迅速，很快爬出了种植容器

及时采收嫩茎叶

采收

蕹菜生长速度快，生长量大，生长期较长，可多次采收，且采收间隔期短，持续采收期长，从5月底到11月初长达6个月的采收期。当苗高30cm左右时即可采收，采收顶部15～20cm的嫩茎叶食用。采摘时，基部留1～3个茎节，用手掐摘。

食用功效

蕹菜质地清嫩，口感爽脆油滑，其蛋白质和钙含量远高于番茄，并含有较多的胡萝卜素和丰富的微量元素。

蕹菜还含有纤维素、木质素、果胶等助消化成分，其汁液有抑菌作用。

蕹菜性寒，可清热凉血、疗疮解毒和利尿通淋。

吃起来真像是嚼木耳　木耳菜

木耳菜健身栽培要点

播种期：4月（秋播8～9月）　　　收获期：播种后40～50d采收嫩叶

发芽温度：25～30℃　　　　　　栽培容器（1株）：盆口直径22cm×盆高20cm

移栽期：无须移栽　　　　　　　　放置环境：日照充足、通风良好

适宜生长温度：25～30℃

木耳菜是落葵科落葵属一年生或多年生蔓生草本植物，常蔓生于篱落之间，又称落葵，是一种集观赏、食用为一体的保健蔬菜。以幼苗、嫩梢或嫩叶供食，质地柔嫩软滑，营养价值高。其味清香爽口，吃起来如嚼木耳。木耳菜花序穗状，花似多肉，浆果如地雷，籽紫黑色，揉取汁，可染布物，谓之胡胭脂，古代曾用落葵的果实做染料和化妆品，深受妇女喜爱。木耳菜生命力非常顽强，生长迅速旺盛，在我国南北方普遍栽培，在南方热带地区可多年生栽培。阳台上可作爬藤类食用兼观赏植物栽培。

基本习性和特点

光照偏好　光照充足有利于生长。

温度偏好　较耐高温，耐暑耐热不耐寒，生长适宜温度25～30℃。

水分偏好　较耐湿，但不能长期积水。

植株大小　株幅20～50cm，株高150～200cm。

容器选择　圆形深盆或种植箱。

品种选择

木耳菜按叶片大小有大叶木耳菜和小叶木耳菜，按茎秆颜色有紫茎木耳菜和绿茎木耳菜。阳台种植可根据个人的喜好选择品种。

栽培要点

种子处理　木耳菜的种壳厚而坚硬，为了使种子尽快发芽，建议擦破种皮播种或先浸种催芽再播种。

木耳菜种子

浸种催芽　先用55～60℃热水浸种，不断搅拌至水温降到30℃时止，再置于25～30℃温水中浸泡1～2d，捞出后用纱布包好，在30℃左右恒温催芽，待种子露白后再播种。

播种　将配制好的营养土装入育苗穴盘内，把处理好的种子点播在营养土中，再覆上一层1cm左右的薄土并浇透水。

移栽　当幼苗长出4～5片真叶时带土移栽定植，定植时将苗间距控制在15cm左右。

肥水管理　如果基肥充足，只要保证水分和光照，木耳菜即可正常生长，无须再施肥。若基肥不足，一般每2周施肥1次或采收后施肥。木耳菜较耐湿，应经常浇水保持湿润，以不积水为准。一般春季3～5d浇水1次，夏、秋季2～3d浇水1次。

搭架引蔓　木耳菜为蔓生植物，当植株长到20～30cm时就需要搭架或挂网来供植株攀爬了，让绿叶依墙而生。如果不想搭架或挂网，就要及时采收或及早摘心，促进腋芽生长。木耳菜生长的中后期要及时去除老叶，以利于通风防病。

播种后10d冒出新绿

在木桩围成的花坛中成片种植

木耳菜蔓生的茎叶

蔓生的茎叶让花序开满整个围栏

如果不搭架种植，则需及时采食或摘心，以促发侧枝 采摘后茎蔓会不断萌发侧枝，长出新叶，每7～10d采收一次嫩梢

木耳菜有着长长的采收期，既可以采食嫩梢，又可以采食叶片。以采嫩梢为主的，当苗高30～35cm时基部留2片真叶用剪刀剪下，萌发的侧枝有5～6片真叶时采收。以采嫩叶为主的，当苗高120cm时，就可选择充分展开且尚未变老的肥厚叶片采摘，及早收获，茎蔓上会不断长出新叶。

食用功效

木耳菜含有多种维生素、多糖及钙、铁等矿质元素，且全株可供药用，具有滑肠散热的功效。其钙含量是菠菜的2～3倍，且草酸含量极低，是补钙壮骨的优选经济菜。

木耳菜口感厚实，味鲜顺滑，酷似木耳，与豆腐同煮入汤，可生津润燥、清热解毒、润肠通便，属于营养保健型的绿叶蔬菜。

木耳菜的嫩梢食用口感最佳

菜园里的"新欢" 人参菜

人参菜健身栽培要点

播种期：四季均可播种
　　　　（3～5月最适宜）
发芽温度：20～30℃
移栽期：播种1月后

适宜生长温度：25～30℃
收获期：移栽45d后
栽培容器（1株）：盆口直径15cm×盆高15cm
放置环境：日照适中，通风良好

　　人参菜是马齿苋科土人参属一年生或多年生草本植物，又名土人参、土高丽参、土洋参、水人参。原产于热带美洲中部，分布于西非、南美热带和东南亚等地区，在我国南方多处于野生状态，但栽培驯化较容易。主根粗短肥大，形似人参。叶片对生，肥厚，茎叶脆嫩多汁。圆锥花序顶生或侧生，开粉红色小花，花开时长长的花茎作为插花素材十分流行。人参菜既可作蔬菜食用，又可用作观赏，其主要食用部位为嫩茎叶或地下膨大肉质根，食用嫩茎更为普遍。

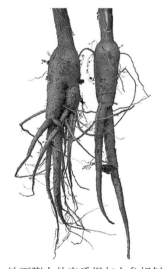

地下膨大的肉质根与人参相似

人参菜植株

光照偏好　喜光，半遮阴条件下也能正常生长且更有利于提高品质。

温度偏好　喜温，可耐高温，不耐寒，生长适宜温度25～30℃。

水分偏好　喜湿润环境，生长期要求水分充足，否则叶片小，品质差。

植株大小　株幅10～30cm，株高30～70cm。

土壤要求　对土壤的适应范围较广，但以有机质丰富、疏松壤土栽培为宜。

容器选择　圆形深盆或种植箱（盆深15cm以上）。

栽培要点

种子处理　人参菜种子细小，壳厚而硬，一般未经处理的种子需20～25d才能出芽。因此，播种前可用30～40℃的温水浸种2d，以保证种子顺利发芽。在浸种过程中捞去漂浮在水面的瘪粒种子，以培育壮苗、齐苗。

播种　向育苗穴盘中装入准备好的营养土，将浸种后的种子均匀点播或撒播在培养土中，然后覆盖上一层厚0.5cm左右的细土，并用喷壶浇透水。浇水时水流不可过大，以免冲走种子。

移栽　当幼苗长出3～4片真叶时即可定植，从穴盘中小心地取出幼苗定植于栽培容器，并注意别让根部的土壤掉落，定植时保持25～30cm的株距。

春秋季短时间生长就会抽薹开花

人参菜幼苗

肥水管理　定植后至第1次采收前可追施速效肥1次，以后每采收1次追肥1次。人参菜喜湿润，保持湿润的土壤有利于提高品质和产量。高温季节需要多浇水，注意不要积水，以免烂根。

整枝、摘花序　人参菜营养生长期短，极易抽薹开花。从播种到现花薹45d左右，一般12～16片叶即抽薹开花。在植株成活后、主枝花薹木质化前摘除花薹，可促使侧芽萌发。当侧枝再分化二级分枝时，可根据植株的生长状况，去除花序或采收。在连续采收一段时间后，植株的形态发生一些变化，有些枝条老化，萌发新梢能力减弱，需要通过整枝或增施有机肥以促进生长。

作为食用蔬菜栽培，需及时整枝摘花序

摘除主枝花薹，促使侧枝大量萌发

花果期的盆栽观赏效果最佳

采收

定植后30 ~ 40d，株高约15cm或具有5 ~ 6叶时即可采收，以后每隔10 ~ 15d可采收1次，采收标准以茎梢脆嫩为宜，一般用手可折断为佳。采收时要尽量保留基部的2 ~ 3叶，以利于再抽新梢。建议及时采收，采收不及时植株容易开花，影响产量和品质。

食用功效

种子自然脱落后，第二年会发出新芽

人参菜可药膳两用，能够辅助治疗气虚乏力、体虚自汗、脾虚泄泻、肺燥咳嗽、乳汁稀少等症状，具有通乳汁、消肿痛、补中益气、润肺生津、清热解毒等功效。

为庭院增添情调　叶用甜菜

叶用甜菜健身栽培要点

播种期：2 ~ 4月
　　　　（秋播9 ~ 12月）
发芽温度：17 ~ 20℃
移栽期：无须移栽

适宜生长温度：14 ~ 16℃
收获期：6 ~ 7月（秋播11月至翌年5月）
栽培容器（1株）：盆口直径15cm × 盆高15cm
放置环境：日照充足，通风良好

　　叶用甜菜俗称莙荙菜、厚皮菜、牛皮菜，是藜科甜菜属二年生草本植物。叶用甜菜是彩叶蔬菜的代表，叶色绚丽，鲜亮喜人，是甜菜作物中栽培最早的类型，植株适应能力强，即使在炎热的夏天也可以种植，既可不断播种采食幼株，也可栽植一次连续采食叶片。

叶用甜菜色彩多样，缤纷艳丽

基本习性和特点

光照偏好　长日照作物，12h以上的长日照条件下生长迅速，光照低于6h，无法抽薹。
温度偏好　喜冷凉，耐热也耐寒，生长适宜温度14 ~ 16℃。
水分偏好　生长需充足的水分，但灌水量过大，根系生长受抑制。

土壤要求　对土壤要求不严格，在富含有机质的松软土壤上生长良好。

植株大小　株幅10 ～ 20cm，株高20 ～ 30cm。

容器选择　圆形深盆或种植箱（容量3L以上，深度15cm以上）。

品种类型

根据叶用甜菜叶柄及叶片的颜色特征，可分为青梗叶甜菜、白梗叶甜菜和红梗叶甜菜。叶用甜菜颜色缤纷艳丽，在花盆中种植可以近身观赏叶子的多姿多彩，阳台种植可根据个人喜好或当地气候条件选择品种类型。

红梗叶甜菜　红梗绿叶，艳丽多彩，是观赏兼食用型新品种。植物株型紧凑，生长势强，株高30cm左右，叶柄紫红色，叶片肥厚，甜嫩爽口，风味佳，品质好，采收时间长。其地下根肥大清甜，可做甜点佐料。

栽培要点

浸种　甜菜种子发芽比较缓慢，于播种之前将种子在温水中浸泡4h左右就可以了。

播种　在育苗穴盘中装入准备好的营养土，浇足水分，将处理后的种子按每穴一粒点播在培养土中。因甜菜种子较大，所以播种穴深为2.5cm左右，播后覆土浇水。亦可直播一次性采收小株。

定植　当幼苗长出2 ～ 3片真叶时就可带育苗基质定植，定植株距为20 ～ 25cm。栽苗不能太深，以土壤盖过育苗基质为宜，定植后连浇2 ～ 3次水，促进缓苗。大株擗叶采收一般育苗移栽。

肥水管理　勤采轻采和施足追肥，不断促进新叶的生长是丰产的关键。每次采收后均在伤口干后进行浇水施肥，肥料以速效氮肥为主。水分的管理以见干见湿为宜，不要使土壤过干，以免影响品质。

幼苗2 ～ 3片叶时可移栽

定植株行距20 ～ 25cm，给叶片舒展留有足够的空间

混种在种植箱中的叶甜菜

花盆种植可适当缩小株距

利用花盆混种也挡不住细长叶柄留下的那抹紫魅色

叶用甜菜若全株食用，可待植株具有8～10片叶时全株采收。若大株摘叶食用，可待植株具有6～7片叶时采收，采收时可轻轻剥取外层2～3片大叶，可多次掰叶采收。叶面喷肥或洒水后不能立即采收，一定要待水干后采收。

食用功效

叶用甜菜味甘性凉，具有清热解毒、行瘀止血的功能，流感病毒流行之时食用此菜有一定预防作用。

叶用甜菜在宽肠通便、维持人体酸碱平衡、稳定和调节女性内分泌等方面具有一定作用。

叶展叶舒，霸占四季　生菜

生菜健身栽培要点

播种期：8～10月
　　　　（四季皆可播种）
发芽温度：20℃左右
移栽期：9月中旬

适宜生长温度：15～23℃
收获期：10月中旬至12月
栽培容器（1株）：盆口直径10cm×盆高12cm
放置环境：日照充足，通风良好

生菜即叶用莴苣，是菊科莴苣属一年生或二年生草本植物。原产欧洲地中海沿岸，由野生种驯化而来，古希腊人、罗马人最早食用，其主要食用部分为叶片，因适宜生食而得名。生菜是重要的世界性绿叶蔬菜，也是设施无土栽培的主栽类型，全年可生产，种植容易，多用作凉菜生食。

基本习性和特点

光照偏好　喜阳光明媚，忌荫蔽的区域。
温度偏好　喜冷凉，忌高温，15～20℃生长最适宜，产量高，品质优。夏季叶质易粗老，变硬，略有苦味，最好避免夏季种植。
水分偏好　喜水但忌涝。
土壤要求　对土壤适应性广，以肥沃潮湿且排水顺畅的微酸性沙壤土最适宜。
植株大小　株幅10～20cm，株高20～30cm。
容器选择　圆形小盆或种植箱，深度大于12cm。

品种类型

生菜依据叶的生长形态可分为结球生菜、皱叶生菜和直立生菜。结球生菜顶生叶形成叶球，生长期短；皱叶生菜的主要特征是不结球，有绿叶品种和紫叶品种；直立生菜的主要特征是叶片狭长，直立生长，叶片厚实，肉质爽脆。生菜非常容易种植，属于入门级的蔬菜，阳台上几乎全年都可以种植，可供选择的种类有散叶生菜、皱叶生菜、奶油生菜等。生菜因叶绿素和花青素含量的不同有紫色和绿色两种，紫色生菜以其独特的叶色形态和新鲜、爽脆的口感在生食沙拉中越来越受到人们的喜爱。

不同品种类型的生菜混种在一起

　　紫直立生菜　全株紫色，叶缘无锯齿，叶片倒卵圆形，直立向上生长，后期心叶呈抱合状，耐寒性好，抽薹较晚。叶质爽脆，味清香鲜甜，品质好。

　　奶油生菜　叶片平整或褶皱，色泽嫩绿色，植株呈现柔软的圆球形，颗颗饱满，口感软滑香甜。

栽培要点

　　播种　生菜可以用育苗盘育苗，也可以直接撒播到种植盆里。生菜的种子很小很轻，育苗时，每个育苗格撒1～2粒种子，覆盖一层不到1cm的薄土，然后用喷壶浇水。直接撒播时，可以先和育苗基质或细沙一起拌匀，再均匀撒到种植盆里，覆盖不到1cm的薄土，并浇透水。若是在20℃左右的适温天气下，一般3～5d就可以发芽了。生菜种子发芽时需要光照，黑暗下发芽受抑制，这是生菜种子发芽的一大特征，切忌播种过深。

　　间苗　当长出3片叶子时，即可间苗，越稀疏长得越壮实，间苗后一定要施肥。

撒播的圆叶生菜苗

拔出长势较弱小苗，间除的小苗亦可食用

移栽　当长到5～6片真叶时移苗，移栽前先将育苗盘浇透水，连根带土一起移栽到种植盆中再浇水至土壤湿润。生菜要稀疏种植，株距15～30cm。夏季先放在阴凉处缓苗，1周左右缓苗后再置于阳光充足的地方。

肥水管理　移栽后第1周施1次肥（以氮肥为主，如有腐熟的有机肥更佳），采收前2周停止施肥。水分管理以保持盆土湿润即可，温度较高的时候，早、晚各浇水一次，但不要有积水。

生菜亦可一年四季水培，但应选早熟、耐热、晚抽薹的品种，生产过程中需保持鲜嫩、洁净。

5～6片真叶时即可移栽

生菜根系较浅，移栽时轻压土壤，固定根部

管道水培生菜

利用椰壳立体种植

利用编织篮种植生菜

多色生菜混种

待叶片足够大时可一片片采摘

长爆盆的赤裙生菜

采收

结球生菜以叶球紧实后用小刀从根茎部切收最好，过早影响产量，过迟叶球变松，品质下降。散叶生菜品种按收割后可再生的方法种植，当叶片足够大时可以一片片连续采摘叶片。

食用功效

生菜主要以生食为主，质地脆嫩，新鲜美味，是凉拌"沙拉"的主菜。生菜中含有膳食纤维和维生素C，有消除多余脂肪的作用，因此也叫减肥生菜。

生菜富含胡萝卜素及矿物质等营养成分，具有预防贫血和防止心律失常等保健功效。此外，生菜的茎叶中还含有莴苣素，具有镇痛催眠、降低胆固醇、辅助治疗神经衰弱等功效。

楚楚冻人，藏在绿衣里的美丽　菠菜

菠菜健身栽培要点

播种期：3月底　　　　　　　　　适宜生长温度：15～20℃
　　　　（夏播6月，秋播9月）　收获期：5月底（夏播7月底，秋播10月底至12月）
发芽温度：15～30℃　　　　　　栽培容器（1株）：盆口直径15cm×盆高15cm
栽培期：无须移栽　　　　　　　放置环境：日照充足，通风良好

　　菠菜是藜科菠菜属一年生草本植物，原产自波斯，唐代传入中国，现全国各地均有栽培，其主要食用部位为叶。叶着生于短缩茎上，戟形至卵形，鲜绿有光泽，柔嫩多汁。主根上部呈紫红色，可食，有止渴润燥功能。菠菜铁含量非常高，而且被神化的菠菜曾受到美国经济大萧条时期热捧。动画片中的大力水手一吃菠菜就变得力大无穷，使一代又一代小朋友坚信菠菜的强大力量。但稍稍苦恼的是，菠菜在蔬菜家族中的高草酸含量却也让人爱恨交加。菠菜生命力顽强，在寒冬之日依然不凋，属耐寒蔬菜，种子在4℃时即可萌发，地上部能耐零下6～8℃的低温，零下15℃才枯萎，其根零下35℃依然存活。"北方苦寒今未已，雪底菠薐如铁甲"，表明了菠菜极耐寒的属性和特征。阳台种植菠菜，在植株长出真叶以后就可以一边间苗一边收获，冬天植株遇到低温，会使甜味凝缩，更加美味。

基本习性和特点

光照偏好　长日照作物，高温长日照条件下易抽薹开花。
温度偏好　喜冷凉，极耐寒，生长适温为15～20℃。
水分偏好　水分充足时生长旺盛，产量高，品质好。
土壤要求　土壤适应性广，以保水保肥的中性土壤最佳。
植株大小　株幅20～30cm，株高20～30cm。
容器选择　圆形小盆或种植箱（容量2.5L以上，深度15cm以上）。
主要病虫害　霜霉病、根腐病、蚜虫等。

品种类型

菠菜按种子形态可分为有刺与无刺两个变种。有刺种果实菱形有刺，叶小而薄，属尖

叶类型。无刺种果实为不规则的圆形、无刺,叶片肥大,属圆叶类型,适于越冬栽培。阳台种植可根据当地气候条件或个人喜好选择品种,夏菠菜宜选不易抽薹的品种。

圆叶菠菜

尖叶菠菜

紫梗菠菜

栽培要点

浸种催芽　播种前1周将种子用温水浸泡30min,待水自然凉透后继续浸泡10～12h。将浸泡好的种子放在湿毛巾里,保持毛巾的湿润,然后放在20～25℃条件下催芽,等到80%以上种子露白后即可播种,这个过程一般需要3～5d。

播种　菠菜可以直接播种到种植盆里,撒播或条播都可以。条播时挖深1cm、宽1～2cm的小沟,沟间距为10～15cm,种子之间间隔1cm进行播种,随后在种子上面覆盖约1cm厚土壤,浇足水至土壤湿润。

间苗　播种7～10d后,植株变得密集时进行第一次间苗。间苗时用剪刀在植株的茎部贴根剪除所有的不良幼苗,使生长间距在3cm左右。当植株再次密集交错时进行间苗,间下来的菜苗可以直接食用。

播　种

幼苗长条形子叶和圆形真叶在阳光中尽情舒展

多片真叶长出，此时叶片互相交叠，需要间苗

种植盆密植栽培，间苗采收

菠菜抽薹后开花结籽

　　肥水管理　移栽时要施足基肥，之后应视情况追肥1～2次，将肥料撒在沟间或与土壤混合培向菜苗根部。菠菜生长期需要充足的水分，但又不耐涝，而且忌干旱，浇水以保持土壤湿润为准，不宜过干过湿。

　　温度控制　菠菜不耐高温，但比较耐寒，一般在15～25℃环境下生长迅速，气温低时也能生长，不过生长较慢，零下10℃也可以安全越冬，但低于零下10℃时就要及时放置在比较温暖的地方或采取保温措施。

采收

　　当植株长出5～6片叶、高度达20～25cm时，即可整株连根采收。

食用功效

　　菠菜中丰富的膳食纤维是肠内"清道夫"，具有促进肠道蠕动的作用，还能促进胰腺分泌，帮助消化。

长到5～6片大叶时口感最佳，连根采收

　　菠菜中所含的胡萝卜素，被人体吸收后可转化为维生素A，对于维护视力和促进儿童生长发育有一定的作用。

　　菠菜能供给人体多种营养物质，所富含的铁对缺铁性贫血有较好的辅助治疗作用。菠菜富含维生素C和叶酸，可以增强产妇对铁元素的吸收，是缺铁性贫血的理想食物。但菠菜中含有丰富的草酸，不溶于水，人体摄入过多草酸，在体内会形成草酸钙，导致身体对于钙物质的吸收降低，应适量食用，另不要与豆腐同食。炒菜时先焯水亦可降低其草酸含量。

《诗经》中的植物　思乐泮水，薄采其芹　芹菜

芹菜健身栽培要点

播种期：春芹菜 3月底至4月

　　　　夏芹菜 4月上旬至5月上旬

　　　　秋芹菜 7月上旬至10月上旬

　　　　越冬芹 8～9月

发芽温度：16～21℃

适宜生长温度：15～20℃

收获期：7月中下旬至9月底收获夏芹，

　　　　9月至翌年3月收获秋芹

栽培容器（1株）：盆口直径15cm×

　　　　　　　　盆高15cm

放置环境：日照充足，通风良好

芹菜是伞形科芹属一年生或二年生草本植物，别名旱芹、香芹、蒲芹、水芹。叶为二回羽状复叶，叶柄肥大鲜嫩，是主食部分。叶柄形似茎秆，有空心和实心两种。复伞形花序，花小而多，黄白色，可观赏。植株有特殊的香味，叶柄和叶均可作蔬菜食用。原产于地中海沿岸的沼泽地带，现世界各国已普遍栽培。芹菜在欧洲通常作为蔬菜煮食或作为汤料、佐料。在我国，初仅作观赏植物种植，后来主要作为蔬菜食用或作药用。

菜之美者，云梦之芹。芹菜叶片清薄，碧绿，叶柄质地鲜嫩，满口芳香，可生拌、做馅包饺子或炒食。

基本习性和特点

光照偏好　耐阴，但生长后期需充足的光照。

温度偏好　喜冷凉，耐寒，生长适宜温度为15～20℃。

水分偏好　根系浅，不耐旱，需保持土壤湿润不积水。

土壤要求　喜肥沃、疏松、通气性良好的土壤。

容器选择　圆形深盆或种植箱（深度15～20cm）。

主要病虫害　病虫害较少，主要为软腐病、斑点病和蚜虫等。

品种选择

芹菜的品种繁多，按叶柄颜色可分绿芹、黄芹、白芹、红芹和紫芹五种类型。若按栽培学来分，大致可以分为中国芹菜和西洋芹菜两大类。中国芹菜是我国本土的一种蔬菜，叶柄细长，叶片小，香味浓郁，生育期短，水分相对较多，叶柄和叶均可食用。西洋芹菜

是从国外引进的品种，叶柄厚实，纤维相对少，比较香，生育期较长，一般用叶柄作凉拌菜、清炒或作为一种配菜使用。阳台种植可以结合当地气候条件，根据个人需求和爱好来选择品种，尽量选择抗冻能力强、不易抽薹、高产、抗病、抗虫的品种。

红芹　株高60～65cm，叶片绿色，叶柄红色至紫红色，富含花青素，含铁量高，每100g鲜重含铁22mg，是普通芹菜的2～3倍。在芹菜生长过程中，花青素在叶柄中的显色具有阶段性，其叶柄颜色独特，风味浓郁，宜凉拌或榨汁。

栽培要点

催芽　芹菜种子细小，种皮厚，休眠周期长，幼芽顶土能力弱，需要进行催芽处理。具体做法是将种子在4℃冷水中浸泡12～24h，然后将种子捞出后用湿毛巾包好，放在冷凉处见光催芽，每天用冷水冲洗1次。5d后待大部分种子露白即可播种。

播种育苗　建议进行育苗移栽，这样有利于促进侧根发达。具体做法是将处理的种子均匀播在育苗穴盘里，每穴1～2粒，然后覆上一层约1cm厚的薄土，并浇透水。芹菜喜冷凉，出苗最适温度15～20℃。

芹菜种子

芹菜出苗困难，需勤浇小水，保持畦土湿润，10天左右可出全苗

缓慢生长的芹菜幼苗，采取降温、间苗等措施可促进壮苗

移植　芹菜幼苗生长缓慢，从播种到定植需45～60d。待幼苗长到5～8片真叶时连根带基质移栽定植，定植株距15～25cm。定植前7d左右要控制浇水，炼苗壮根，有利于存活。

肥水管理　定植成活前每天都要浇水，一旦出现死苗就要及时补苗。芹菜在成活以后管理就会简单多了。施肥以基肥为主，占总施肥量的70%左右，整个生长期追肥3～4次，以腐熟有机肥和叶菜类专用复合肥为主。芹菜根系浅，对土壤湿度要求较高，应经常浇水，保持土壤湿润。

5～8片叶，苗高15cm时可移栽

芹菜耐阴，置阴面的阳台一样可以生长，但茎叶较细弱

有阳光直射的芹菜茎叶粗大，叶片色泽更鲜艳

立春后，芹菜抽薹开花，长出伞状花序

采收

从茎基部擗下外层1～3片叶，留下心叶部生长点及幼叶，待幼叶长大后又可以采收。擗叶后要加强肥水管理。

食用功效

芹菜富含蛋白质、氨基酸、维生素、钙、磷、铁、钠等20多种人体所需的营养元素，其中，维生素E、钙和铁的含量在家常蔬菜中名列前茅。此外，芹菜叶中的黄酮类化合物，具有降血压、降血脂、保护心血管和增强机体免疫力的作用。芹菜中还含有挥发性的芹菜油，具香味，能增进食欲。

闻香识菜，温柔乡里的满天星　芫荽

芫荽健身栽培要点

播种期：春、夏、秋皆可种植

发芽温度：20 ～ 25℃

移栽期：无须移栽

适宜生长温度：17 ～ 20℃

收获期：收获时间不严格，苗高20cm后随时采收

栽培容器（1株）：盆口直径12cm×盆高12cm

放置环境：日照适中，通风良好

　　芫荽为伞形科芫荽属一年生或二年生草本植物，别名香菜、胡荽、香荽、满天星等，是人类历史上用于调味食品最古老的芳香蔬菜之一，其根、茎、叶、籽均可入药。原产于地中海沿岸及中亚地区，西汉时期张骞从西域带回，现我国大部分地区都有种植。羽状复叶，茎和叶都带有浓郁的特殊天然香味，是人们熟悉的调味蔬菜，多用作凉拌菜佐料或用于菜中提味。大多时候芫荽是作为一道菜的配角出现，不仅非常百搭，而且能赋予菜品不一样的风味。

基本习性和特点

光照偏好　中短日照，光照不宜过强。

温度偏好　耐寒、不耐热，生长适温17 ～ 20℃。

水分偏好　不耐旱，种植时保持土壤湿润即可。

植株大小　株高20 ～ 100cm。

土壤要求　对土壤要求不严格，以富含有机质、保肥保水性能强的土壤最佳。

容器选择　圆形浅盆或种植箱（容量2L或以上，深度12cm以上）。

主要病虫害　菌核病、立枯病、根腐病、蚜虫等。

品种选择

芫荽有大叶品种和小叶品种。大叶品种植株高，叶片大，叶缘缺刻少而浅，香味淡，产量较高；小叶品种植株较矮，叶片小，缺刻深，香味浓，耐寒，适应性强，但产量稍低。一般栽培多选小叶品种，阳台种植可根据个人需求和喜好选择。

农家小叶芫荽　小叶品种。植株较矮，叶片小，香味浓，耐寒，适应性强，多用于佐料。

栽培要点

种子处理　芫荽种子的外壳比较硬，不破开外壳发芽阻力较大。可将芫荽种子轻轻搓压，让外壳裂开，注意不要压扁。然后将种子放入40 ～ 55℃温水中浸泡6 ～ 10h，沉睡的种子会被唤醒（打破休眠）。

播种　芫荽一般采用直播的方式种植，将处理好的种子均匀地撒在装好栽培基质的种植盆中，盖上一层1cm左右的薄土，浇透水即可。

间苗　播种1个月以后，种植盆中的植株开始茂盛起来，显得有点拥挤时按照5 ～ 6cm的苗距间苗，收获新鲜的绿叶小苗。

芫荽种子

芫荽幼苗，子叶初展

种植箱密植，可间收小苗

花盆种植

创意容器种植

肥水管理　芫荽苗期不宜浇水太多，待苗长至10cm，植株生长旺盛时应勤浇水，保持土壤表层湿润，浇水的同时追施速效氮肥1～2次。如果需要留种，则后期应该加入适量的磷肥。

采收

芫荽的采收期不严格，可以结合间苗分批收获，通常先采收较大的植株，留下较小的植株继续生长，也可于株高15～20cm时一次性采收。

食用功效

芫荽中含有维生素C、胡萝卜素、维生素B_1、维生素B_2和钙、铁、磷、镁等矿物质。其中，胡萝卜素的含量比番茄、菜豆、黄瓜等高出10倍多。维生素C含量也比普通蔬菜高得多，一般人食用7～10g香菜叶就能满足人体对维生素C的需求量。此外，芫荽所含有的挥发油成分会散发出一种特殊的香气，这种令人入迷的独特香味不仅能祛除肉类的腥膻味，还具有显著的和胃调中、开胃醒脾、发汗清热透疹的功能。

家庭最适合种植的调味蔬菜

Part **4**

白菜类

它们是老百姓餐桌上最家常的蔬菜，脆嫩、清鲜、营养，被誉为蔬菜界的"爱马仕"。

一片片脆脆的紫红色　紫裔白菜

紫裔白菜健身栽培要点

播种期：8月中下旬	收获期：12月至翌年2月
发芽温度：15 ~ 30℃	栽培容器（1株）：盆口直径20cm × 盆高20cm
移栽期：9月中上旬	放置环境：日照充足，通风良好
适宜生长温度：18 ~ 20℃	

　　白菜类蔬菜原产中国，栽培历史悠久。除大白菜外，春天的油菜、夏天的小白菜、快菜及冬天的紫裔白菜等属于同一家族。目前我国白菜品种已达500余种。白菜味道鲜美，有"百菜之王"之称，农谚有："白菜吃半年，医生享清闲"。紫裔白菜是十字花科芸薹属二年生草本植物，这是一种由普通大白菜和紫甘蓝杂交培育而成的蔬菜，与普通大白菜不同的是它的叶子是紫色的，营养价值高许多，且口味更脆更甜，市场价格是普通大白菜的十几

倍。紫裔白菜不是转基因产品，大家放心的在家里种上颜色亮丽且营养丰富的紫裔白菜吧！

基本习性和特点

光照偏好　喜光，光照不足会阻碍花青素合成，导致返青现象。
温度偏好　喜冷凉，较耐寒，生长适宜温度18 ~ 20℃。
水分偏好　生长期需充足的水分。
土壤要求　肥沃、松软、富含有机质的沙壤土及黑黄土。
植株大小　株幅10 ~ 30cm，株高40 ~ 60cm。
容器选择　圆形深盆或种植箱（容量6L或以上）。
主要病虫害　软腐病、菜青虫、小菜蛾、蚜虫等。

栽培要点

播种　在育苗穴盘中装入准备好的营养土，浇足水分，将处理后的种子按每穴一粒点播在细碎的培养土上，覆盖上一层厚1cm左右的薄土即可。

定植　当幼苗长出5 ~ 7片真叶，从育苗格底部可以看到白色的根时就到了定植的最佳时期。定植前在种植盆中施足基肥，从穴盘中小心地取出幼苗定植于种植盆中，并注意别让根部的土壤掉落，定植株距25 ~ 30cm，定植后及时浇水。

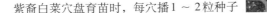

紫裔白菜穴盘育苗时，每穴播1 ~ 2粒种子

可以移栽的紫裔白菜

保持适当的间距更有利于紫裔白菜生长

肥水管理　底肥需多施有机肥和钙肥，长出7～8片真叶时追施复合肥，收获前20d内不再追肥。移植苗在定植后3～5d内不可缺水，需每天早晚浇水。包心结球期结合追肥进行浇水，浇水量要大、要匀。

包心结球　当长出20片以上的真叶时，内侧的叶子开始发生卷曲结球。

长出7～8片真叶时，适当追施复合肥

开始包心结球

采收

当包心球茎的直径长到15cm左右，用手按下去感觉很结实时就可以采收了。采收时用刀沿着根部切下去，去掉多余的外叶或残叶。

食用功效

紫裔白菜含有丰富的粗纤维，不但能起到润肠、促进排毒的作用，还可刺激肠胃蠕动，帮助消化，对预防肠癌有良好作用。

可以采收的紫裔白菜

紧实亮丽的叶球

紫裔白菜中含有丰富的花青素、钙、维生素C等对人体有益的元素，可以起到很好的护肤养颜、防衰老、抗氧化的效果。

一种快快生长易养活的菜　奶白菜

奶白菜健身栽培要点

播种期：8～9月（直播9月）　　　收获期：11月中旬至12月底

发芽温度：15～30℃　　　　　　　（直播12月初至翌年2月底）

移栽期：9月中旬　　　　　　　　栽培容器（1株）：盆口直径15cm×盆高15cm

适宜生长温度：18～20℃　　　　放置环境：日照充足，通风良好

　　奶白菜是十字花科芸薹属一、二年生草本植物，叶柄奶白色、汤匙形，纤维少、味甜，属于不结球白菜中株型矮肥、叶柄宽厚的种类，原产于中国南方，以广东栽培较多。奶白菜为浅根作物，须根发达，再生力强，适于育苗移栽。奶白菜生长周期短，非常适合阳台、庭院种植。

基本习性和特点

光照偏好　喜光，阳光充足条件下有利于生长。

温度偏好　喜冷凉，能耐短时寒冷，生长适温为18～20℃。

水分偏好　生长期间需持续供水充足，但不耐涝。

土壤要求　以疏松、肥沃、保水保肥的中性土壤最佳。

植株大小　株幅25～30cm，株高20～30cm。

容器选择　圆形小盆或种植箱（容量2.5L或以上，深度12～15cm）。

主要病虫害　病毒病、霜霉病、菜蚜、黄条跳甲等。

栽培要点

　　播种　奶白菜可以直接播种，也可以育苗移栽，播种前可先将种子浸置于50～55℃的温水中浸泡15min，再置于常温的水中浸泡6～8h。在育苗穴盘中放入准备好的育苗基质土，浇足水分后将处理后的种子按每穴一粒点播在育苗基质上，然后覆盖一层厚1cm左右的薄土即可。

穴盘育苗，选健壮苗移植

定植　待幼苗长出3～4片真叶时移栽定植。定植前在种植盆中施足基肥，从穴盘中小心地取出幼苗定植于种植槽中，并注意别让根部的土壤掉落，定植株距15～20cm，定植后要及时浇水。

肥水管理　奶白菜的生产周期短，宜多施用有机肥作基肥，生长期间适当追施化肥，或结合喷灌进行叶面追肥。追肥以速效氮肥为主，施肥原则是薄肥多次。浇水一般结合追肥进行。移植苗在定植后3～5d内不可缺水。夏季及早秋，定植后须连续3～4d每天早晚浇水。

奶白菜生长期

采收

播种后30～40d，植株长到25cm左右的高度时即可采收食用，采收时建议先采收大棵的。

采收的小苗可以生食或凉拌

采收后的奶白菜

食用功效

奶白菜含纤维素及微量元素硒较高，有助于预防结肠癌。其性微寒、味甘，具有清热解毒、通利肠胃的作用。

开春时的"莺啼菜" 小松菜

小松菜健身栽培要点

播种期：5 ~ 6月（或8 ~ 9月）　　收获期：7 ~ 8月（或10月至11月上旬）
发芽温度：15 ~ 30℃　　　　　　　栽培容器（1株）：盆口直径12cm×盆高12cm
移栽期：无须移栽　　　　　　　　放置环境：日照充足，通风良好
适宜生长温度：18 ~ 26℃

小松菜是十字花科芸薹属白菜亚种普通白菜的变种。原产于中国，19世纪70年代传入日本，目前在日本普遍栽培。小松菜以幼嫩的植株供食用，叶质柔嫩，味道鲜美，营养价值高，可与绿叶菜之首的菠菜相媲美。如果不喜欢菠菜的涩味，可以改吃小松菜补充营养。

基本习性和特点

光照偏好　喜光，光照过弱或过强对生长不利。
温度偏好　喜冷凉，耐热也耐寒，生长适温为
18 ~ 26℃。
水分偏好　耐旱性和耐涝性不强。
土壤要求　对土壤适应性广，以疏松、肥沃、排水
条件良好的土壤最适宜。
植株大小　株幅10 ~ 20cm，株高20 ~ 30cm。
容器选择　圆形小盆或种植箱，深度10 ~ 12cm。
主要病虫害　霜霉病、灰霉病、蚜虫等。

品种类型

小松菜根据叶形可分为圆叶型、中间型、匙叶型3种类型。一般匙叶型品种耐寒性好，适合在冬、春季种植；圆叶型品种耐热性强，适合在夏、秋季种植。阳台种植可根据当地的气候条件和个人喜好选择品种，选用杂交一代品种为好。

栽培要点

播种　小松菜可以直接播种到种植盆里，撒播、条播均可。条播时在土壤上挖深约

1cm、宽1～2cm的小沟，沟间距10～15cm，种子之间间隔1cm进行播种，随后在种子上面覆盖厚约1cm土壤，再浇足水至土壤湿润。

间苗　间苗是去除一部分茂密幼苗的过程，可改善幼苗营养面积及生长空间。第一次间苗时拔除所有的不良幼苗，使其生长间距在3cm之间。当幼苗长大，高3～4cm时，进行第二次间苗，间下来的菜苗可以直接食用。

种子与少量细沙或细土混合，更有利于均匀撒播

撒播2～3d后的小松菜苗，间苗时尽量保留健壮的苗子

生长期的小松菜

可根据需要分批或一次性适期采摘小松菜

肥水管理　小松菜生长期短，在肥料管理上应以基肥为主，并增施有机肥。土壤湿润可提高小松菜的产量和品质，若土壤过干易导致植株纤维化，品质降低。

采收

当小松菜株高达到25～35cm时应及时采收，采收时要去掉老叶、黄叶、病叶及虫蛀严重的叶片。

食用功效

小松菜是一种高钙和高维生素A、维生素B、维生素C的蔬菜，口感好，日本人称之为健康美味的绿叶蔬菜，具有辅助抗癌，防治牙痛、贫血、骨质疏松症的功效。

这个时期的小松菜就可以采收了

Part ⑤

甘蓝类

冬天里的牡丹花　羽衣甘蓝

羽衣甘蓝健身栽培要点

播种期：3月（夏播6月、秋播9月）　　　收获期：6～7月（夏播12月至翌年1月、

发芽温度：15～30℃　　　　　　　　　　　　　　秋播翌年4～5月）

移栽期：5月（夏播8月、　　　　　　　　栽培容器（1株）：盆口直径25cm×

　　　　　秋播10月）　　　　　　　　　　　　　　　　　盆高25cm

适宜生长温度：15～25℃　　　　　　　放置环境：日照充足，通风良好

　　羽衣甘蓝是十字花科芸薹属二年生草本植物，甘蓝的园艺变种。其植株成莲座状叶丛，叶半裂或全裂，叶缘锯齿状，叶形美观多变，形态各异，有的颜色艳丽，有的叶色优雅圣洁。低卡高膳食纤维的羽衣甘蓝被誉为绿色健身的营养之宝，不仅能食用而且其丰富多彩的叶色和叶形变异构成了极其华美的观赏特性，也可作为不可多得的园林景观植物。叶片有光叶、皱叶、裂叶、波浪叶之分，叶脉和叶柄呈浅紫色，内叶叶色极为丰富，有黄、白、

粉红、红、玫瑰红、紫红、青灰、杂色等，观赏期为12月至翌年3～4月。羽衣甘蓝的叶片摸起来非常柔软，看起来像羽毛一样，其美丽的褶皱、完美的着色，犹如莲花般优雅绽放。阳台或客厅摆放上几盆，或和其他蔬菜搭配栽培，非常赏心悦目。

基本习性和特点

光照偏好　喜光，较耐阴，阳光充足时叶片生长快，品质好。

温度偏好　喜冷凉，较耐寒，生长适宜温度15～25℃。霜降后，气温越低、温差越大，叶片颜色会更加艳丽。

水分偏好　喜湿、怕涝，缺水时叶片生长缓慢。

植株大小　株幅30～50cm，株高20～100cm。

容器选择　圆形深盆或种植箱（容量12L以上）。

品种类型

羽衣甘蓝品种形态多样，色彩丰富。按高度可分高型种和矮型种；按叶的形态可分波叶类、皱叶类、羽叶类和切花类。羽叶类羽衣甘蓝如孔雀系列，因其独特的羽毛状叶形而越显婀娜多姿；切花类品种如鲁西露系列、鹤系列羽衣甘蓝，如牡丹般华丽，可与其他蔬菜数株高低搭配合栽，也可单独盆栽或插花，效果都非常棒。在这些斑斓靓丽的色彩装点下，寒冷的冬季都变得可爱起来，充满生机和活力。

不同种类的羽衣甘蓝

荷兰冬宝绿羽衣甘蓝　绿叶，植株高大，极耐寒。采摘后鲜食或焯水做馅，或沙拉，亦可榨汁，风味清鲜。

日本红欧羽衣甘蓝　亦叫叶牡丹，为甘蓝种中的一个变种，极耐寒，叶缘为密集波浪形，株型好，叶色美。亮丽的变色叶呈玫瑰花形分布生长，形如牡丹，状如鸟羽。吃法多样，煎炒烹炸样样美味。

日本红闪亮羽衣甘蓝　莲座状叶丛，无蜡质，叶片光亮，叶片层数极多，适合在高档场所布置精致花坛、花境。其叶色艳丽妩媚，叶肉口感好。

栽培要点

播种　在育苗穴盘中放入准备好的育苗基质，浇足水分后将种子均匀点播在细碎的基质上，每穴播1～2粒种子，然后覆盖一层厚1cm左右的薄土，播种后温度保持在20～25℃。

定植　待幼苗长出5～6片真叶时定植，将腐殖质丰富、疏松肥沃的沙壤土装入种植盆中，然后从穴盘中小心地取出幼苗定植于盆中，注意别让根部的土壤掉落，定植株距30～50cm。定植后及时浇水，保持土壤湿润。

羽衣甘蓝穴盘苗

5～6片真叶时选健壮苗定植

定植1个月后的桃鹤羽衣甘蓝

定植在不同容器中的羽衣甘蓝（单栽或混栽造型）

肥水管理　栽培中要经常追施薄肥，特别是氮肥，并配施少量的钙肥，有利生长和提高品质。经常保持土壤湿润，但不能积水。

定植后及时浇水，保持土壤湿润，15d后外叶逐渐展开

采收　羽衣甘蓝从播种至采收要55～65d，从定植到采收要25～30d。外叶展开10～20片时即可采收嫩叶食用，每次每株可采嫩叶5～6片，留下心叶继续生长，陆续采收，一般每隔10～15d采收1次。晚春、夏、秋如果管理得好，又无菜青虫为害，可采收至初冬。秋冬季稍经霜冻后采收嫩叶品质风味更好。夏季高温季节，叶片变得坚硬，纤维稍多，风味较差，故要早些采摘。

食用功效

羽衣甘蓝营养丰富，含有大量的维生素A、维生素B_2、维生素C、类胡萝卜素、花色苷和多种微量元素及矿物质，特别是钙、铁、钾含量较高，可促进代谢和吸收，提高体质。

羽衣甘蓝含有大量的硫配醣体和叶绿素，这种物质具有抗氧化、调节机体免疫及抗癌等功效，长期食用羽衣甘蓝，有一定的预防子宫内膜癌和乳腺癌的作用。

羽衣甘蓝的膳食纤维要远远超过糙米，经常食用羽衣甘蓝，可以很好地缓解便秘的症状。

羽衣甘蓝也是美味的菜肴

皱皱的叶片似美丽的绿泡泡 皱叶甘蓝

皱叶甘蓝健身栽培要点

播种期：10月上旬
发芽温度：20 ~ 30℃
移栽期：3月上旬
适宜生长温度：15 ~ 25℃

收获期：4 ~ 6月
栽培容器（1株）：盆口直径25cm×盆高25cm
放置环境：日照充足，通风良好

皱叶甘蓝是十字花科芸薹属二年生草本植物，是甘蓝种中能形成褶皱叶球的一个变种，别名皱叶洋白菜、泡泡甘蓝、皱叶包菜。皱叶甘蓝叶片褶皱且大而厚实，具有鲜绿色皱褶叶球，外包深绿色泡泡状叶，这是与普通结球甘蓝的区别所在。皱叶甘蓝质地较其他甘蓝细嫩柔软，口感极佳，而且芥子油的气味较少，更适合于生吃，或与其他蔬菜、水果制成沙拉，炒食的味道也很不错。

基本习性和特点

光照偏好 长日照和强光照的条件下，能促进其发育。
温度偏好 耐寒性强，生长适宜温度15 ~ 25℃。
水分偏好 喜湿润环境，水分不足会影响结球质量。
植株大小 叶球近圆形，直径10 ~ 30cm或更大。
土壤要求 对土壤适应性广，以疏松、肥沃、保水保肥的土壤最佳。
容器选择 圆形深盆或种植箱（容量12L或以上）。

品种选择

选用优良品种培育壮苗，是皱叶甘蓝丰产的关键。阳台上种植可选择全年分期播种生产的品种，当然也可根据当地气候条件和个人的喜好来选择品种。

皱叶甘蓝法美莎 为甘蓝种中能形成皱褶叶球的一个变种，其叶面皱褶有叶泡，叶球圆形，口感细嫩、柔软，芥子油气味较轻，宜作沙拉生食。

栽培要点

播种 在育苗穴盘中放入准备好的营养土，浇足水分，将处理后的种子按每穴一粒点播在细碎的培养土上，然后覆盖一层厚0.5cm左右的薄土即可。

定植　当幼苗长到4～5片真叶时定植，定植前在种植盆中施足基肥，定植时从穴盘中小心地取出幼苗定植于盆中，注意别让根部的土壤掉落，定植株距30～40cm，栽苗不宜深，以土坨表面与畦面相平为准，定植后及时浇水。

穴盘育苗

带土取出幼苗

挖坑栽入幼苗

肥水管理　定植后3～5d浇缓苗水，缓苗后适当控制浇水，以见干见湿为原则。莲座期及开始包心后要加强水分供给，直至采收前经常保持土壤湿润，但不能大水漫灌。定植后30d左右施复合肥1次，结球前期和结球中期，连续追施复合肥2次，前期以高氮肥为主，中后期以高钾肥为主。

定植成活后的皱叶甘蓝在阳光下叶片尽情舒展

长大后开始包心结球的皱叶甘蓝

用手掌压叶球感觉坚实时就可以采收了

早熟品种从定植至始收约50d，中熟品种从定植至成熟80～100d，采收时用手掌压叶球感觉坚实的即已成熟，可以割收。

皱叶甘蓝是一种营养价值被低估的蔬菜，其食味清香甘甜爽脆，营养成分高，药用功效强，是一种天然的护肝、抗癌食材，经常食用可以辅助治疗胃溃疡、十二指肠溃疡等，并且能够阻止肠内吸收过多的胆固醇、胆汁酸。皱叶甘蓝所含果胶、纤维素对动脉硬化、胆结石患者及肥胖者很有益处。

美丽紫色的叶球为寒冬添彩　紫甘蓝

紫甘蓝健身栽培要点

播种期：4月初（夏播7月初、　　　适宜生长温度：5～25℃
　　　　秋播9月）　　　　　　　收获期：6～7月（夏播12月至翌年1月、

发芽温度：7～29℃　　　　　　　　　　　秋播翌年4～5月）

移栽期：5月初（夏播8月底、　　　栽培容器（1株）：盆口直径20cm×盆高20cm
　　　　秋播10月底）　　　　　　放置环境：日照充足，通风良好

　　紫甘蓝是十字花科芸薹属二年生草本植物，为结球甘蓝中的一个变种。原产于地中海沿岸，目前在我国大部分地区都有栽培。由于紫甘蓝的外叶和叶球都呈紫红色，叶面有蜡粉，叶球近圆形，所以也叫紫圆白菜。紫甘蓝耐储藏，保质期长，营养丰富，适合做沙拉配色。

　　除了生食沙拉或炒食外，还可给读者补充科学知识：紫甘蓝的植物细胞中含有大量的花青素，它是一种水溶性的植物色素，颜色可因酸碱度不同而改变，遇酸性则偏红，遇碱性则偏蓝。白醋或柠檬水呈酸性，加入紫甘蓝汁液后就变成了粉红色；碱水或苏打水呈碱性，加入紫甘蓝汁液后，则变成了绿色和蓝色。紫甘蓝是不是一种神奇的植物呢。

基本习性和特点

光照偏好　长日照植物，未经低温春化前，光照充足有利于生长。

温度偏好　喜温和气候，有一定的抗寒和抗热能力。

水分偏好　喜湿、怕涝，保持土壤含水量70%～80%为宜。

土壤要求　对土壤适应性广，以疏松、肥沃、保水保肥的中性土壤最佳。

植株大小　叶球近圆形，直径10～30cm或更大。

容器选择　圆形深盆或种植箱（容量6L以上）。

品种选择

　　市场上国外引进的紫甘蓝品种较多，当然也有国内选育的品种，阳台种植建议选择抗病、高产、优质品种，也可根据当地的气候条件和个人喜好选择品种。

催芽　播种前种子用50～55℃温水烫种，然后在30℃水中浸种2～3h，后用纱布包好置于20～25℃环境下催芽，待有70%种子出芽后即可播种。

播种　在育苗穴盘中放入准备好的营养土，浇足水分，将催芽后的种子按每穴一粒点播在细碎的培养土上，覆盖一层厚1cm左右的薄土即可。

移栽　当幼苗长出4～6片真叶时，按30～40cm的株行距将幼苗定植于盆中。

播种30d后的幼苗

幼苗4～6片真叶时，按30～40cm株行距定植

肥水管理　紫甘蓝是喜肥、耐肥的蔬菜，在幼苗期、莲座期和包心期追肥4～5次，其中莲座期和结球包心期需肥量最大，应重施。移栽后浇1次缓苗水，后期浇水以保持地面湿润为准，土壤见干就要浇水，收获前不要肥水过大，以免裂球。

紫甘蓝长大后开始包心结球，收获前应避免肥水过大，以免裂球

紫甘蓝进入结球末期，当叶球抱合到相当紧实时即可收获。收获时切去根蒂，去掉外叶、损伤叶，做到叶球干净、不带泥土。

食用功效

紫甘蓝可生食或炒食。紫甘蓝含有丰富的维生素C、较多的维生素E和维生素B族，以及丰富的花青素苷和纤维素等，能够给人体提供一定数量的具有重要保健作用的抗氧化剂。紫甘蓝中也含有丰富的叶酸，具有预防孕妇贫血作用。

紫甘蓝除可生食或炒食外，其细胞中还含有大量的花青素，这是一种水溶性的植物色素，颜色可因酸碱度不同而改变，遇酸性则偏红，遇碱性则偏蓝。白醋或柠檬水呈酸性，加入紫甘蓝汁液后就变成了粉红色；碱水或苏打水呈碱性，加入紫甘蓝汁液后，则变成了绿色和蓝色。紫甘蓝是不是一种神奇的植物呢。

心心叶叶，层次感觉　结球甘蓝

结球甘蓝健身栽培要点

播种期：4月初（夏播7月初、
　　　　秋播9月）

发芽温度：7 ～ 29℃

移栽期：5月初（夏播8月底、
　　　　秋播10月底）

适宜生长温度：5 ～ 25℃

收获期：6 ～ 7月（夏播12月至翌年1月、
　　　　秋播翌年4 ～ 5月）

栽培容器（1株）：盆口直径25cm×盆高25cm

放置环境：日照充足，通风良好

结球甘蓝是十字花科芸薹属一年生或两年生草本植物，又叫卷心菜、包菜、圆白菜，是最受欢迎的芸薹属蔬菜。由于其适应性强，容易栽培，产量高且耐储藏，作为冬季蔬菜在全国范围内广泛栽培。

基本习性和特点

光照偏好　长日照植物，比较适合南向的阳台种植。

温度偏好　适应性强，既耐寒又耐热，生长适温15 ～ 20℃。

水分偏好　喜湿、怕涝，保持土壤含水量70% ～ 80%为宜。

土壤要求　对土壤适应性广，以疏松、肥沃、保水保肥的中性土壤最佳。

植株大小　叶球近圆形，直径10 ～ 30cm或更大。

容器选择　圆形深盆或种植箱（容量12L以上）。

品种选择

阳台种植建议选择抗病、高产、优质品种，也可根据当地气候条件和个人喜好选择品种。

栽培要点

催芽　为了保证发芽率，播种前将种子用清水浸泡5 ～ 6h，取出之后不要晾干，用湿薄棉布包裹种子，并保持棉布一直是湿润状态。每天用温水淘洗1次，大概2 ～ 3d，种子就能发芽。

播种　在育苗穴盘中装入准备好的营养土，浇足水分后将发芽的种子按每穴一粒点播在培养土中，然后覆盖一层厚1cm左右的薄土即可。

定植　当种子出苗后长到15cm左右、有5～7片真叶时就可以移植，定植株距20～30cm，定植后浇水一次，促进根系生长。

肥水管理　结球甘蓝为喜肥和耐肥作物，吸肥量较多，在幼苗期和莲座期需氮肥较多，结球期需磷、钾肥较多。定植后大约每周要进行施肥，进入结球期时，及时施肥一次。定植到卷心这个时期，需勤浇水，但每次浇水不宜过多，以利于稳苗；当心叶开始生长时可结合中耕浇水，浇水量要大于前期稳苗水；第三水在叶球生长基本完成时，浇水量要大于缓苗水。

营养钵育苗，幼苗5～7片真叶时就可以移栽定植了

莲座期需氮肥较多，定植后可每周施一次肥

进入结球期后需磷钾肥较多

采收

等到叶球按起来比较硬的时候就可以采收了。收获时，从根部切开即可。如果想要多存放一段时间，就多留点儿根部。

食用功效

结球甘蓝含有丰富的钾、叶酸，有利于心血管健康，并对巨幼细胞性贫血和胎儿畸形有很好的预防作用。

当叶球用手按起来比较硬实时就可以采收了

结球甘蓝中富含氯化甲硫氨基酸，对胃溃疡有着很好的辅助治疗作用，能加速创面愈合，是胃溃疡患者的有效食品。富含膳食纤维，可促进胃肠道消化，润肠通便，抑制毒素的产生。

亭亭玉立芥美人　芥蓝

芥蓝健身栽培要点

播种期：早熟品种4～8月，　　　　收获期：早熟品种6～10月，中晚熟品种

中晚熟品种9月至翌年3月　　　　　11月至翌年5月

发芽温度：15～30℃　　　　　栽培容器（1株）：盆口直径20cm×

移栽期：四季　　　　　　　　　　　盆高20cm

适宜生长温度：15～25℃　　　　放置环境：日照充足，通风良好

芥蓝是十字花科芸薹属一、二年生草本植物，其肥嫩的花薹、幼苗及叶片可作蔬菜食用。芥蓝的花薹是我国著名的特产蔬菜之一，起源于中国南方，主产区有广东、广西、福建和台湾等，沿海及北方大城市郊区有少量栽培。较少发生病虫害。

基本习性和特点

光照偏好　长日照作物，整个生长发育过程需要良好的光照，不耐阴。
温度偏好　喜温和气候，耐热性和耐高温的能力强，喜较大的昼夜温差。
水分偏好　喜湿润，但土壤湿度过大或积水将影响根系生长，不耐干旱。
土壤选择　对土壤的适应性较广，以保水保肥的沙质土壤最佳。
植株大小　株高50～100cm。
容器选择　圆形深盆或种植箱（深度20cm以上）。

品种选择

芥蓝按花色可分为白花芥蓝和黄花芥蓝，黄花芥蓝栽培量少，白花芥蓝品种多。按熟性可分为早、中、晚三个类型。阳台种植可根据地区消费习惯选择品种。

白花芥蓝

黄花芥蓝

栽培要点

播种　芥蓝可以直播，也可以育苗移栽。采用直播方式的，将种子均匀撒在培养土中；采用育苗移栽的，按每穴一粒点播在培养土中，然后在种子上覆一薄层培养土，用细孔喷壶浇透水，注意保温保湿，一般2～3d即可出苗。

间苗、移栽　出苗后及时间苗，保持适当的行株距。如果移栽，则在苗长到5～6片真叶时进行，移栽苗后注意保湿、遮阴，以利缓苗。定植株距以15～25cm为宜。

苗期芥蓝

定植时控制株距15～25cm，为芥蓝生长保持足够的空间

芥蓝开始现蕾抽薹时追施速效肥，保持土壤湿润，促进主薹生长

肥水管理　基肥与追肥并重，追肥随水施，一般缓苗后3～4d要追施少量的氮肥或腐熟的有机肥，现蕾抽薹时适当追施速效性肥料。主薹采收后追肥2～3次，以促进侧薹生长。整个生长期间应一直保持土壤湿润。

采收

早中熟品种从播种至主薹始收需60～80d，晚熟品种则需80～100d。当主花薹长到与叶片差不多高时即可采收，即在保留基部有2～3片鲜叶的节上采收。主薹采收后，基叶腋芽又抽生侧薹，侧薹长到15～20cm时采收，采收时斜切下菜薹即可，留1～2片叶，还可以形成次生侧薹，这样可陆续采收直至植株衰老为止，但次生侧薹产量会逐渐下降。

采收时将主薹向下斜切以防伤口积水腐烂　　采收后及时追肥促进侧薹生长

食用功效

芥蓝中含有丰富的硫代葡萄糖苷，它的降解产物叫萝卜硫素，是迄今为止所发现的蔬菜中最强的抗癌成分，经常食用还有降低胆固醇、软化血管、预防心脏病的功效。

从中医的角度来讲，芥蓝味甘、性辛，有利水化痰、解毒祛风的作用。

芥蓝中的硫代葡萄糖苷让它与其他蔬菜的味道很容易区别开来

蔬菜皇冠　西兰花

西兰花健身栽培要点

播种期：3月底（夏播7月初）　　　收获期：10 ～ 11月（夏播11月底至翌年2月底）

发芽温度：20 ～ 25℃　　　　　　栽培容器（1株）：盆口直径25cm×盆高25cm

移栽期：4月底（夏播9月初）　　　放置环境：日照充足，通风良好

适宜生长温度：15 ～ 22℃

　　西兰花，学名青花菜，是十字花科芸薹属一、二年生草本植物，属甘蓝类蔬菜。富含硫代葡萄糖苷，其分解产物萝卜硫素有非常好的抗癌作用，且营养成分居同类蔬菜之首，被誉为"蔬菜皇冠"。西兰花于20世纪80年代引入我国种植，其花蕾呈青绿色，主茎先端长出绿色的花球，由肉质花茎和小花梗及绿色的花蕾群所组成。因以采带花蕾的嫩茎供食，故名嫩茎花椰菜。又因与花椰菜相似，呈绿色，故又名绿花菜。

基本习性和特点

光照偏好　喜光照，充足的光照有利于生长发育。

温度偏好　喜冷凉蔬菜，植株生长适温为15 ～ 22℃，温度过高、过低都会造成植株生长不良，花球外观松散，产品品质下降。

水分偏好　喜湿、怕涝，不耐旱。

植株大小　株幅40 ～ 50cm，株高40 ～ 60cm。

土壤选择　对土壤条件要求不严格，以疏松肥沃、保水保肥的微酸性土壤为佳。

容器选择　圆形深盆或种植箱（容量12L以上，深度25cm）。

主要病虫害　黑腐病、菜青虫等。

品种选择

　　西兰花品种很多，但如果是在冬季种植西兰花，最好选择耐寒性强、株型紧凑、花球紧实的中熟或中早熟品种，常见的有绿岭、富士绿、秋绿等。

　　蔓陀绿西兰花　中早熟品种，秋季定植后65d收获。植株直立，侧枝少，生长势旺。茎绿，不易空心。花蕾细腻，高球形，表面平整光滑，不易散花，单球重500g左右。

　　播种育苗　在育苗穴盘或营养钵中装入准备好的营养土，浇足水，将处理后的种子按每穴一粒点播在细碎的培养土上，然后覆盖上一层厚0.5cm左右的薄土即可。经常保持土壤湿润，出苗时土壤湿度保持在70%～80%。齐苗后酌情补充水分，移栽定植前让秧苗充分见光炼苗。

　　移栽　当幼苗长出6～7片真叶时即可移栽，连土带苗移栽到种植盆中。

| 播后7d具2片子叶的西兰花幼苗 | 具6～7片真叶的西兰花移栽苗 | 利用穴盘育苗 |

　　肥水管理　西兰花较耐肥，所需肥料以氮肥为主。生长初期和抽薹期需要较多的氮肥和适量的磷、钾肥，否则会造成早期出蕾现象，还需配施少量硼、镁等微量元素肥料。定植后应浇足定根水，使其迅速恢复生长，随后以保持土壤湿润为宜，注意现蕾后浇水勿淋湿花球，避免积水腐烂。

　　折叶盖花　当花球直径8～10cm时要束叶或折叶盖花，以保持花球清洁。

| 西兰花较耐肥，生长期可多施氮肥 | 花球形成期，结合浇水追施磷钾肥及硼肥 |

当西兰花花球长到直径15cm左右即可采收，或当顶端的花球充分膨大、花蕾尚未开放时采收。采收过晚易造成散球和开花，采收时选择上午用刀切下花球即可。

当花球长到直径15cm左右就可以采收

采收时建议用刀切下花球

食用功效

西兰花中含有类黄酮物质，适量食用可预防高血压、冠心病等。

西兰花属于高纤维蔬菜，可以降低胃肠道对糖分的吸收，进而降低血糖，从而有效预防糖尿病。

西兰花叶中含有丰富的硫代葡萄糖苷（简称硫苷）、萝卜硫素、酚类物质和蛋白质，其中硫代葡萄糖苷和萝卜硫素等生物活性物质具有清除活性氧的作用，可以保护细胞不受活性氧物质的伤害，从而降低疾病的发生概率，甚至是避免疾病的发生。

此外，还可食用西兰花芽苗，西兰花芽苗是萝卜硫素的最佳来源。

与西兰花同为花球家族　花椰菜

花椰菜健身栽培要点

播种期：2月

发芽温度：20 ～ 25℃

移栽期：8月中旬至9月上旬

适宜生长温度：15 ～ 22℃

收获期：早熟品种10 ～ 11月，

中晚熟品种12月至翌年2月

栽培容器（1株）：盆口直径25cm × 盆高25cm

放置环境：日照充足，通风良好

花椰菜又名花菜，是十字花科芸薹属一、二年生草本植物，甘蓝种中以花球为产品的一个变种，起源于地中海东部的克里特岛，19世纪中叶传入我国，目前在国内各地菜区均有种植。其营养丰富，风味鲜美，想要在阳台上种出花朵饱满、妩媚动人的花椰菜，需要有一定的技巧。

基本习性和特点

光照偏好　喜光照，充足的光照有利于生长发育。

温度偏好　喜冷凉环境，植株生长适温为15 ～ 22℃，温度过高过低都会造成植株生长不良。

水分偏好　水分要求比较严格，既不耐涝，又不耐旱。

植株大小　株幅40 ～ 50cm，株高40 ～ 60cm。

土壤选择　花椰菜为需肥较多的蔬菜作物，但对土壤条件要求不严格，以疏松肥沃、保水保肥的微酸性土壤为宜。

容器选择　圆形深盆或种植箱（容量12L以上）。

主要病虫害　黑腐病、黑斑病、霜霉病、菜蚜、菜青虫等。

品种选择

花椰菜品种类型按熟性分为早熟、中熟和晚熟品种，按花球形状可分为球形、半圆形、扁圆形和拱形；按花球色泽可分为洁白、乳白、乳黄、枯黄和紫色等；按照花球的松紧程度，可以分为松花椰菜和紧花椰菜类型。阳台上种植建议选择早熟、中熟型品种，当然也可以根据个人喜好选择。

紧实花球

松散花球

紫花椰菜　花椰菜的变种，植株高大，长势强健，花茎顶端群生花蕾，紧密群集成花球状。花球紫红色。整齐，艳丽美观，品质优良，易熟，糯性，口感鲜美。

栽培要点

播种　花椰菜一般采用育苗移栽，播种前将种子放在凉水中浸泡1h后捞出晾干，有利于出苗整齐。在育苗穴盘中装入准备好的营养土，浇足水，将处理后的种子按每穴一粒点播在细碎的培养土上，然后覆盖上一层厚0.5cm左右的薄土即可。

移栽　当幼苗4～6片真叶展开后，将花椰菜连土带苗一起移栽到准备好的种植盆里，栽苗不要太深，以土壤刚好盖过育苗基质为宜，扶正压实，浇透水。

花椰菜种子

当幼苗长出4～6片真叶时，可以连土带苗移栽

肥水管理　花椰菜需肥量大，定植2周后，在植株周围追施氮肥，10d之后再追施复合肥，莲座期和现蕾期需要较多的氮素和适量的磷、钾肥，生长盛期还必须配施硼、镁等微量元素肥料。因其植株生长旺盛、高大，需水量较多，要经常浇水，但要避免漫灌、积水等影响根系正常生长。

定植2周后可追施氮肥

花椰菜需肥量大，需要经常补充肥水

折叶盖花　当花球直径8～10cm时要束叶，或折叶盖花，以保持花球清洁。

花球直径8～10cm时需折叶盖花

采收

当花球长到直径15cm左右时便可以开始采收，采收时选择上午用刀切下花球即可。

食用功效

花椰菜中胡萝卜素含量是大白菜的8倍，维生素B$_2$的含量是大白菜的2倍，钙含量堪与牛奶中的钙含量媲美，也是含有类黄酮较多的蔬菜。因此，花椰菜的食用价值和保健功效都非常高。

切割下来的花球保留3～4片嫩叶

不断抽薹盛开的西兰花　西兰薹

西兰薹健身栽培要点

播种期：2月（夏播7月中下旬）　　适宜生长温度：15 ~ 22℃

发芽温度：20 ~ 25℃　　　　　　收获期：5月（夏播10 ~ 11月）

移栽期：3 ~ 4月　　　　　　　栽培容器（1株）：盆口直径25cm×盆高25cm

　　　　（夏播8月中下旬）　　放置环境：日照充足，通风良好

　　西兰薹是十字花科芸薹属植物，由西兰花与芥蓝杂交选育而成的一种新型绿色蔬菜，又称小小西兰花、青花笋、芦笋青花菜。这款既像西兰花又像芥蓝的"西兰薹"，主要以肥嫩的花薹供食，故而得名。但它既比西兰花甜脆可口，又没有芥蓝常有的青涩味道。

基本习性和特点

光照偏好　喜光照，充足的光照有利于生长发育。

温度偏好　喜冷凉，生长适温为15 ~ 22℃，温度过高、过低都会造成植株生长不良。

水分偏好　喜湿、怕涝，不耐旱。

植株大小　株幅40 ~ 50cm，株高40 ~ 60cm。

土壤选择　以疏松肥沃、保水保肥的微酸性土壤为宜。

容器选择　圆形深盆或种植箱（容量12L或以上，深度25cm）。

主要病虫害　黑腐病、菜青虫等。

品种选择

　　西兰薹分为早熟和晚熟两大品种类型，阳台种植建议选择早熟品种。

栽培要点

　　播种　西兰薹种子从播种到发芽时间短，一般不用浸种催芽。基质装盘后浇足水，水从穴盘的底孔渗后，每穴播1 ~ 2粒种子，播种后覆盖0.5cm厚的基质，浇透水。

播　种

播后6d的西兰薹出苗了 可以移栽的西兰薹苗

定植　幼苗生长25～30d、植株4～6片真叶时定植。定植前将育苗盘浇透水，有利于取苗。定植后要浇足定根水，利于幼苗成活。

选健壮苗定植

肥水管理　一般全生育期追肥4次，第1次在植株开始迅速生长时，约定植后15d；第2次在植株定植后30～35d；第3次在一级侧薹始收期，定植后45～50d；第4次在二级侧薹采收期间。浇水以保持土壤湿润为宜，炎热天选择早晚淋水，寒冷天选择晴天中午淋水。

不同肥水管理期的西兰薹

打顶摘心　与西兰花相比较，西兰薹的花球并不发达，因此要及时打顶摘心，以利于侧薹生长。一般在主花球3～5cm、主花薹10～15cm时进行打顶摘心。特别注意，打顶是去除花蕾部分，尽量保留较多的花薹部分，以利于更多的侧薹从多个腋芽中同时生长，否则花薹部分去除过多，会影响侧薹的数量，难以高产。

主花薹及时打顶摘心，促进侧薹生长

采收

当侧薹生长到15～25cm时，选择晴天的早晨或傍晚，在小花球形成并未散开前采摘。采收太迟，花蕾容易松弛开花，薹枝变老化，品质劣变。采收时在第2～4片叶的上方收割，保证新侧枝花薹继续萌发生长。注意刀口斜切，预防积水引起腐烂，每3～5d采收1次，可连续采收8～10次。

当侧薹生长到15～25cm时就可采收

营养满满且富含花青素的紫色西兰薹

食用功效

西兰薹维生素总含量较高，还富含其他矿物质元素，如铁、钙、磷。另外，西兰薹的食用纤维和胡萝卜素含量特别高，脂肪类物质含量特别低。此外，研究发现西兰薹比普通西兰花的抗癌物质含量高出10倍。

塔尖风景正好　宝塔菜

宝塔菜健身栽培要点

播种期：9月

发芽温度：25～30℃

移栽期：10月

适宜生长温度：18～28℃

收获期：1～2月

栽培容器（1株）：盆口直径25cm×盆高25cm

放置环境：日照充足，通风良好

宝塔菜是十字花科芸薹属一年生草本植物，为甘蓝种的、以花球为产品的一个变种，其学名为菠萝塔花椰菜，又称富贵菜、珊瑚菜花等。宝塔菜成熟的花球浅黄绿色，主茎粗大，现蕾极好，蕾粒极小，组成一个尖尖的、螺旋似的小小花球，形似宝塔，这些小宝塔又组成大宝塔，故而得名。宝塔菜主要食用菜花部分，营养价值非常高，深受大家喜爱。

基本习性和特点

光照偏好　属长日照作物，喜光，需较强的光照条件。

温度偏好　喜冷凉蔬菜，植株生长适温为18～28℃。

水分偏好　水分要求比较严格，既不耐涝，又不耐旱。

植株大小　株幅40～50cm，株高40～60cm。

土壤选择　以疏松肥沃、保水保肥的微酸性土壤为宜。

容器选择　圆形深盆或种植箱（容量12L或以上，深度25cm）。

品种选择

宝塔菜比一般的花椰菜生育期长，晚熟品种从播种至采收130d左右，阳台种植建议选择抗病性好的优良品种。

意大利宝塔菜　绿花菜新品种。花球色泽翠绿，形状酷似宝塔，单塔重1 000g左右，产量稳定，市场价值高，需求旺盛。其营养丰富，蛋白质和维生素A含量极高，在欧洲被称作"新生命食品"。

绿宝塔菜、紫宝塔菜

播种　在育苗穴盘中装入准备好的营养土，浇足水，将处理后的种子按每穴一粒点播在细碎的培养土上，覆盖上一层厚0.8～1cm的薄土即可。

移栽　当幼苗长出4～6片真叶、株高5cm左右时即可定植。将幼苗连土带苗一起移栽到准备好的种植盆里，栽苗不要太深，以土壤刚好盖过育苗基质为宜，然后扶正压实、浇水。

肥水管理　宝塔菜需肥量大，宜氮、磷、钾及微量元素配合使用，定植2周后，在植株周围追施氮肥，20d后追施复合肥和微量元素肥1次，结球期每周施肥浇水。定植后到莲座叶形成期不能缺水，缺水植株矮小，莲座期浇水要大小适中，以保持土壤湿润为宜。

当幼苗长至4～6片真叶时即可移栽，移栽时以土壤盖过育苗基质为宜　　莲座期宝塔菜要加强肥水管理

及时通风　生长过程中要注意通风，特别是晴天和浇水后应及时通风，以防止植株徒长和病虫害发生蔓延。

折叶盖花　当花球直径8～10cm时要束叶或折叶盖花，以保持花球清洁。

采收

当花球直径长到12cm左右时便可以开始采收，采收时选择上午用刀切下花球即可。

花球长到12cm左右就可以采收

食用功效

宝塔菜花营养成分非常丰富，新鲜花球中的总糖、粗蛋白质、维生素C、钙、镁、铁、锰、锌等元素含量均较高，有增强皮肤弹性、美容、强身健体的功效。

Part 6

芥菜类

美人归　紫衣芥菜

紫衣芥菜健身栽培要点

播种期：3～4月（夏播6月、秋播8～9月）	收获期：6～7月（夏播9～10月、秋播12月至翌年4月）
发芽温度：20～25℃	栽培容器（1株）：盆口直径18cm×盆高18cm
移栽期：无须移栽	放置环境：日照适中，通风良好
适宜生长温度：15～25℃	

　　紫衣芥菜为十字花科芸薹属一年生草本植物。是叶用芥菜的一种，叶片厚实有韧性，颜色为紫色，具红宝石色的条纹，叶脉深栗色。叶缘深裂，形状与雪里蕻相差无异。紫衣芥菜叶片花青素含量超高，含有极为丰富的维生素，栽培难度低，非常适合新手进行阳台种植。

光照偏好　对光照要求不严格。

温度偏好　喜冷凉气候，生长适温15 ~ 25℃。

水分偏好　喜湿润，需经常保持土壤湿润。

土壤要求　对土壤适应性广，以疏松肥沃、保水保肥的中性或微酸性土壤最佳。

植株大小　株幅20 ~ 30cm，株高20 ~ 30cm。

容器选择　圆形深盆或种植箱（容量4.5L或以上，深度15 ~ 18cm）。

栽培要点

直接播种　在大的栽培容器中采用条播。用小木棍与栽培容器平行地划出一道道深约1cm的浅沟，将种子均匀撒到浅沟中，覆土轻轻压实后浇足水。

间苗　长出4 ~ 5片真叶后进行间苗，选留健壮的幼苗，株间距20 ~ 25cm为宜，其余的苗可直接拔掉。

紫衣芥菜幼苗

肥水管理　从播种到发芽的过程中，每天用喷壶浇2次水，以后每天1次。气温偏高时，注意检查表土，如果出现干燥现象，应在晚间多浇1次水，间苗后适当追施氮素化肥，也可进行氮素肥料的叶面喷施。

盆栽的紫衣芥菜非常漂亮

采收

小株采收的则待苗高15cm左右时即可采收；大株采收则待苗高25cm左右时即可采收，植株长得过大口感会变差，要注意及时采收。

紫衣芥菜长得非常茂盛，记得在抽薹前采收

及时掰叶采收的紫衣芥菜

食用功效

提神醒脑 紫衣芥菜中含有大量的抗坏血酸，可参与大脑的生理氧化还原过程，促进大脑对氧的利用，经常食用可提神醒脑，有效缓解疲劳。

解毒消肿 适量的多吃紫衣芥菜可有效抵抗感染和预防疾病的发生，在流感高发期可以用来辅助治疗感染性疾病。

宽肠通便 紫衣芥菜组织较粗硬，含有胡萝卜素和大量食用纤维素，习惯性便秘者经常吃芥菜可有效地调理便秘。

紫衣芥菜含有较多的蛋白质和矿物质，含有的硫代葡萄糖苷水解后产生的芥子油具有特殊的香辣味，有增强食欲和促进消化吸收的作用。

拥有许多翠绿的芽苞，不肯断奶，吃饱了就胖　儿菜

儿菜健身栽培要点

播种期：8月底至9月中旬　　收获期：12月后，温度低于0℃前均可采收

发芽温度：20～28℃　　栽培容器（1株）：盆口直径20cm×盆高20cm

移栽期：10月　　放置环境：日照充足，通风良好

适宜生长温度：10～15℃

　　儿菜学名抱子芥，是十字花科芸薹属芥菜种的一个变种，起源于中国，是我国特有的蔬菜作物。儿菜营养丰富，肉质细嫩鲜美，其食用部分是短缩茎和腋芽，一般以鲜食为主。儿菜长势强，粗大的短缩茎上，可从叶腋处环绕相抱着长出一个个翠绿膨大的芽苞，每株生有芽苞15～20个，呈宝塔形、外叶碧绿、内心洁白，就像是无数不肯断奶的孩子把妈妈围在中间，一母多子，格外可爱，这就是它叫"儿菜"的来由。民间也有超生菜、娃娃菜、抱儿菜等多种叫法。

基本习性和特点

光照偏好　长日照作物，光照充足有利于生长。

温度偏好　喜温凉，不耐寒，生长适宜温度20～25℃，低于15℃和高于30℃生长发育不良。

水分偏好　喜湿润环境。

植株大小　株幅30～50cm，株高30～70cm。

土壤要求　以土层深厚、肥沃、疏松的土壤为好。

容器选择　圆形深盆或种植箱（容量6L或以上，深度20cm）。

主要病虫害　病毒病、猝倒病、立枯病和蚜虫等。

品种选择

　　儿菜的地方品种较多，不同品种的抗病性、外观商品性、熟期、产量和品质各不相同，差异较大。根据熟性的差异分有早熟品种和中晚熟品种。早熟儿菜和中晚熟儿菜播期相同，只是生育期的长短、收获期的早迟不同，阳台种植可根据个人喜好选择。

　　播种　　在育苗穴盘中装入准备好的育苗基质，每个穴盘格点播1～2粒种子，然后覆盖0.5cm厚的细沙土或草木灰，浇足水。

　　定植　　待幼苗长出3～5片真叶时进行移栽，苗龄大约25d，带土移出穴盘按照40cm左右株距进行定植，定植后浇透水。

当幼苗长出3～5片真叶时就可以移栽了

建议连苗带土一起移栽

　　肥水管理　　儿菜生长需肥量较大，除基肥外还要及时追肥。定植成活后可施一次有机肥，定植后30～35d再追施一次有机肥或复合肥，第3次追肥在定植60d左右施入，除施入有机肥外，也要加入适合抱子芥肉质茎膨大的钾肥。要时常保持土壤湿润，但水量不宜过多，防止烂根。

不同生长期的儿菜应及时追肥浇水

紧紧簇拥的儿菜芽苞就像相亲相爱的一家人

不同时期的儿菜芽苞很可爱

采收

儿菜应分次采收，每次采大留小。当肉质茎充分长大，绿色花蕾初现时及时采收。若采收过迟，为保护儿芽鲜嫩品质不劣变，应将外叶折弯盖心。

食用功效

儿菜含有的硫代葡萄糖苷物质，经水解后能产生挥发性芥子油，具有促进肠胃消化吸收的作用。

儿菜含有钙、磷、铁等微量元素，被人体吸收后，能利尿除湿，促进机体电解质平衡，可用于防治小便涩痛、淋沥不尽之症。

Part 7

根菜类

　　由直根膨大而成，其肥大的肉质根贮藏有大量的水分、糖分和矿物盐等，美味爽脆多汁，为主要食用部分，可调节生理机能，促进健康。喜冷凉气候，需在低温、长日照下完成发育阶段。适应性广，产量大，栽培管理极简易学。

有着鸟巢般的伞形花序，壮实撩眼而又富有营养的根　胡萝卜

胡萝卜健身栽培要点

播种期：7月初

发芽温度：18 ～ 25℃

移栽期：无需移栽

适宜生长温度：15 ～ 25℃

收获期：早熟品种11 ～ 12月，

　　　　中晚熟品种翌年1月底至3月

栽培容器（1株）：盆口直径20cm×盆高25cm

放置环境：日照适中，通风良好

　　胡萝卜又称红萝卜，是伞形花科胡萝卜属一年或二年生草本植物。其根粗壮呈圆锥形或圆柱形，肉质为紫红色或橙黄色，冬月掘根，生、熟皆可，作蔬菜食用口感细密脆嫩，有特殊的甜味。胡萝卜几乎在任何气候下都能成活，无论是在庭院、屋顶还是室内都非常

容易种植成功。让我们一起来种植好看又脆嫩的胡萝卜吧！

基本习性和特点

光照偏好　长日照作物，植株生长需要中等光照，光照不足影响生长发育。

温度偏好　喜冷凉，生长适宜温度是 15 ～ 25℃。

水分偏好　土壤湿度过大或干湿变化过大，肉质根表面多生瘤状物、裂根增多，会影响产量和品质。

植株大小　株幅 30 ～ 40cm，株高约 30cm，根长 10 ～ 20cm。

土壤选择　要求土层深厚、肥沃、富含腐殖质且排水良好的沙质土壤。黏重土壤或排水不良，容易发生歧根、裂根，甚至烂根。

容器选择　圆形深盆或种植箱（容量 7L 或以上）。

主要病虫害　白粉病、蚜虫、金凤蝶幼虫等。

品种选择

胡萝卜的品种很多，阳台上种植想要保证一年四季都有收获，建议选择适应性强，抗病性和丰产性好的品种。当然也可以根据个人喜好，选择口感好的品种。

五寸胡萝卜　根茎长 18cm、直径 5cm 左右，根茎表皮光滑鲜亮，果肉及芯呈鲜亮的橙红色，圆筒形，红芯率高，商品性好。口感甜脆，汁水多。

各种类型胡萝卜

胡萝卜并不只有一种颜色，最常见橙色，还有红、黄、白、紫等数色

　　种子处理　胡萝卜的种子有刺毛，会妨碍种子吸水，且容易黏结成团，所以播种前要将刺毛搓去，然后放在30～40℃的温水中浸泡3～4h，捞出用清水洗净后放在湿纱布包中，置于25℃的条件下保湿催芽5～7d，大部分种子露白即可播种。

　　播种　为避免裂根或畸形，建议直接播种到种植盆中。播种时将种子撒播在细碎的栽培土上，覆盖一层厚约1cm的培养土。胡萝卜种子发芽喜光，用细孔喷水壶浇透水后要放在光照充足的地方。

盆土浇透水，种子撒播于土面，覆薄土1cm

幼苗长出1～2片真叶时间苗，间距2～3cm为宜

拔出的胡萝卜缨子好吃又营养

间苗　胡萝卜可多次间苗，在幼苗长出1～2片真叶时进行间苗，以2～3cm的株距为宜。在幼苗长出3～4片真叶时再次进行间苗，株距以5cm为宜；5～6片真叶时再次间苗，株距以15cm为宜。

肥水管理　胡萝卜生长期间一般追肥1～2次。第1次追肥在3～4片真叶时进行，配合浇水；肉质根开始膨大时第2次追肥，适当增加磷钾肥施用量。胡萝卜比较耐旱，肉质根膨大时加大浇水量，但也不要过多，以土壤不积水为宜，每次浇水要均匀，水分不足则根部瘦小而粗糙，品质劣变，供水不均则引起肉质根干裂，适当培土可以防止胡萝卜顶部绿化。

胡萝卜比较耐旱，在长出7～8片
真叶时进行定期施肥

肉质根开始膨大时增施磷钾肥

生长正常的胡萝卜
肉质根

施肥和浇水不当是胡萝卜
开叉的主要原因

开春气温回升后胡萝卜会抽薹开花结籽，结籽后的种盘形似鸟巢

胡萝卜从播种到采收天数依品种而异，早熟品种80～90d，中晚熟品种100～120d。一般肉质根充分膨大后就可以采收，这时肉质根附近的土壤会出现裂纹，心叶颜色为黄绿色，外围的叶子开始枯黄。采收前浇水有利于胡萝卜拔出。

食用功效

胡萝卜中的胡萝卜素可以转变成维生素A，而维生素A可以促进生长，维护眼睛正常视力的形成，食用胡萝卜可明目、降糖、降脂等。

胡萝卜色泽橘红亮丽，是健康的有色美食，亦是餐桌上的颜值担当。胡萝卜中的胡萝卜素是脂溶性，需与动物油脂相配才能发挥到极致，煮肉炖汤则滋味悠长。不过，孩子们会发现田园中才拔出来的胡萝卜洗洗塞进嘴里，是一种更为美妙的享受。

人参不过如此　萝卜

萝卜健身栽培要点

播种期：春萝卜3～4月，夏秋萝卜　　收获期：春萝卜7月，夏秋萝卜6～10月，
　　4～7月，冬萝卜9月　　　　　　　　冬萝卜翌年1～3月

发芽温度：6～25℃　　　　　　　　　栽培容器（1株）：盆口直径20cm×

移栽期：无需移栽　　　　　　　　　　　　　　　　盆高35cm

适宜生长温度：6～25℃　　　　　　　放置环境：日照适中，通风良好

　　萝卜是十字花科萝卜属的一年生或二年生草本植物，药材名为"莱菔"。根肉质，长圆形、球形或圆锥形，根皮绿色、白色、粉红色或紫色，生食、熟食均可，其味略带辛辣味，脆嫩、汁多，为根菜类的主要蔬菜。我国种植萝卜历史悠久，萝卜在民间有"小人参"之美称，俗语常说"冬吃萝卜夏吃姜，不劳医生开药方"，可见萝卜对身体大有益处。如果能在自家小菜园种上一小块地萝卜，到了冬天采摘后用来炖汤，既营养又美味。

基本习性和特点

光照偏好　充足的光照利于提高产量。

温度偏好　半耐寒性蔬菜，喜温和凉爽、温差较大的气候，生长适宜温度是15～25℃。

水分偏好　不耐旱，但水分过多影响根膨大，表皮也粗糙，水分供应不均容易造成肉质根开裂。

植株大小　株幅30～40cm，高约30cm，根长10～20cm。

土壤选择　以富含腐殖质、土层深厚、排水良好、疏松通气的微酸性或中性沙质土壤最佳。

容器选择　圆形深盆或种植箱（深度25cm以上，樱桃萝卜15～20cm即可）。

主要病虫害　软腐病、白粉病、蚜虫、小菜蛾等。

品种选择

　　萝卜依根形可分为长圆、圆、扁圆、卵圆、纺锤、圆锥等形；依皮色可分为红、绿、白、紫等色；依用途可分为菜用、水果及加工腌制等类；依生长期的长短可分为早熟、中熟及晚熟等类；依收获季节分为冬萝卜、春萝卜、夏秋萝卜及四季萝卜等四类。近年来，

嫩萝卜苗也成为萝卜栽培种类之一，受到越来越多消费者喜爱。萝卜有很多品种，阳台种植可以根据个人喜好选择。

　　韩国白萝卜　极耐抽薹的萝卜品种，其适应性强、产量高、采收期长、品质好。肉质根长圆柱形，根形美观，表皮纯白，皮薄个大，肉质脆，商品性好。

　　日本春白玉萝卜　播种后60d可收获，不宜在高温或多雨季节播种。耐低温，抗抽薹，叶片浓绿不易糠心，极少裂根。根表纯白，肉质致密细嫩。

　　杂交板叶满膛红萝卜　植株健壮，叶簇直立，叶色深绿，半板叶，皮薄，肉质鲜艳，瓤红色，不糠心，味甜质脆，宜鲜食，耐贮运。

　　意大利黑皮萝卜　黑皮白瓤水果萝卜，口感爽脆，适合生食及做泡菜，风味品质佳。

　　樱桃萝卜　生长周期短，品质细嫩、颜色鲜艳的小型萝卜，形似樱桃，可在阳台四季栽种，适于生吃。

不同类型的萝卜品种

栽培要点

　　播种　萝卜食用的是肉质根，移栽容易损伤根部，导致萝卜畸形，建议直接播种，撒播、条播、穴播均可。穴播每穴播种3～5粒；条播要播得均匀，不能断断续续，以免缺株；撒播的更要均匀。无论哪种播种方式，种子最好不要重叠在一起，以免出苗后拥挤。播种后盖一层约2cm厚的土壤，轻压，在发芽前保持土壤湿润。

播种后每天浇1次水保持湿润，3d左右就出苗了

间苗　应按照"早间苗、稀留苗、晚定苗"的原则进行间苗，一般在第1片真叶展开时即可进行第1次间苗，拔除受病虫侵害、生长细弱、畸形、发育不良的苗。条播法播种的要间苗3次，分别在苗长至1～2片真叶时，每隔5cm留1株苗；3～4片真叶时，每隔10cm留一株苗；6～7片真叶时，根据萝卜大小每隔15～25cm留1株苗。间下来的苗可以直接食用。

樱桃萝卜长出一片真叶时就可以间苗并扶正幼苗　　间苗时要稀留苗，将苗扶正　　长出两片真叶后可根外追肥

肥水管理　在幼苗长出2片真叶时，第1次在根部施加肥料，并将土壤集中于根部。第2次间苗后，以同样方法追施1次肥料。在萝卜开始膨大时，追施第3次肥料，以磷肥和钾肥为主。小型萝卜后期可不再施肥，大型萝卜生长期长，露肩时可再追施一次钾肥。除幼苗期应少浇水外，萝卜生长期间应经常保持土壤湿润。

苗期根据长势间苗2～3次并及时进行根外追肥　　在萝卜肉质根膨大期，可追施肥水，为萝卜膨大提供养分　　萝卜露肩时追施一次钾肥

采收

当萝卜的肉质根充分膨大，下层老叶开始下垂、叶色变黄，根头部出现粗纹时即可采收。采收前2～3d浇1次水，利于采收。

萝卜全株均可采收食用，肉质根可生食、煮食或加工腌制，嫩的梗叶可制作美味的梅菜干。

萝卜中的膳食纤维可以促进肠胃蠕动，消除便秘，起到清肠排毒、促进消化的作用。萝卜所含的多种酶，能分解致癌的亚硝酸胺，日常生活中吃点萝卜还可以起到降低血脂、软化血管，有助于预防冠心病、动脉硬化等疾病。此外，萝卜中的钙、磷、铁和核黄素含量均超过柑橘、梨等水果，维生素C含量尤为丰富，可防止皮肤的老化，阻止黑色色斑的形成，保持皮肤的白嫩，抗衰老。

冬吃萝卜夏吃姜，不劳医生开药方。萝卜生食养生，可消食、祛痰、润肺、解毒、生津。

Part *8*

葱蒜类

　　具有特殊辛辣气味的一类蔬菜，如韭菜、葱、大蒜、洋葱等，又为辛香类或鳞茎类蔬菜。富含糖分、维生素C以及硫、磷、铁等矿物质，并含有杀菌物质（硫化丙烯），有促进食欲、调味、去腥和医疗保健等作用。

一种而久者，故谓之韭　韭菜

韭菜健身栽培要点

播种期：3月下旬至4月上旬
　　　　（秋播9月）
发芽温度：15～20℃
移栽期：6月下旬至7月上旬
　　　　（秋播翌年3月）

适宜生长温度：15～25℃
收获期：每年4～5次（当年不收获）
栽培容器（1丛）：盆口直径18cm×
　　　　　　　　　盆高18cm
放置环境：中等光照，通风良好

　　韭菜是百合科葱属多年生宿根草本植物，别名起阳草、懒人菜、壮阳草等，原产我国，具有独特的浓郁香味，叶、花葶和花均可作蔬菜食用。其鳞茎簇生，叶片窄长、扁平，叶色深绿，叶鞘细高，纤维含量多；伞形花序，顶生。中医以韭菜种子和叶等入药，具健胃、提神、补肾助阳、固精等功效，所以它有一个很响亮的名字叫"起阳草"。"一畦春韭绿，十里稻花香""夜雨剪春韭，新炊间黄粱"。韭菜早春就能长成，鲜嫩淡雅，翠绿挺秀，而且抗寒又耐热，适应性和繁殖能力超强，在我国栽培历史悠久，而在澳大利亚被列为"入侵植物"。韭菜是一种懒人菜，生长能力强，生长速度快，而且非常容易种植，一年可收割多次。如果有朋友担心自己种不好蔬菜的话，可以尝试先从盆栽韭菜开始。

基本习性和特点

光照偏好　中等光照强度，耐阴性强。

温度偏好　喜冷凉，耐寒也耐热，生长适宜温度15～25℃。

水分偏好　喜湿，不耐涝，保持土壤湿润即可。

土壤选择　对土壤适应性强，富含有机质、保水保肥能力强的土壤最佳，重黏质土种植韭菜易发生较重的根蛆。

植株大小　株高20～45cm。

容器选择　圆形深盆或种植箱（容量4L或以上，深度15cm以上）。

主要病虫害　韭蛆、灰霉病、霜霉病等。

品种选择

韭菜按食用部分可分为根韭、叶韭、花韭和叶花兼用韭；按叶的宽窄，可分为宽叶种和窄叶种。家庭种植建议选用抗病耐寒、分蘖力强、质地柔嫩的品种。

栽培要点

前期准备　韭菜可以采取播种育苗和分株栽培两种方式种植。采用播种育苗方式种植，需要先对种子进行催芽处理，具体做法是用25℃温水泡种12h，然后用湿巾包好放在15～20℃的条件下催芽，每天用清水冲洗1次，5～7d种子出芽后就可以播种了。利用韭菜的分蘖特性，采用分株方式种植，挖蔸时要选择茎叶粗壮、无病害的韭菜，并保持苗蔸根须完整，然后将挖好的韭菜老蔸分成3～4棵苗一束，剪掉部分绿色叶片后栽种。种植之前要避免阳光暴晒，保持根须湿润。没有种植经验的朋友建议采用分株栽培的方式。

播种　选择播种方式种植的，可直播或育苗，育苗时，先将穴盘装满基质并浇透水，将处理好的种子按每穴1～2粒的标准均匀地撒在基质上，覆盖1cm左右的细土。出苗前2～3d浇1次水，保持土壤表面湿润。

定植　当韭菜苗长到10～15cm时即可移栽定植。定植时要带育苗基质一起将苗移栽到种植盆中，株距以15～25cm、行距25～30cm为宜，定植后及时浇定根水。

选择分株方式种植的，直接将分好的苗蔸，按照上述株行距定植在种植盆中即可。

播种种植：将催好芽的种子均匀撒入花盆中，播种后约10d长出嫩苗，可适量浇些肥水，45d后韭菜长大了

分株种植：带根挖出一兜韭菜，剪去枝叶，切分成若干份，分别种植盆中

肥水管理　韭菜喜肥，想要韭菜长得又快又嫩，整个生长期的肥水供应是很重要的。首先基肥要足，定植成活后一周左右追施氮肥，生长旺盛期要保证肥水供应充足，追施2～3次复合肥。到了采收期，每次收割后3～4d待收割的伤口愈合、新叶长出时追施1次复合肥或钾肥，若收割后立即追肥易造成肥害。韭菜喜湿不耐涝，韭菜定植后要浇足缓苗水，以后保持土壤见干见湿。

收割完一茬，待新叶长出后才能追肥浇水　　　　　新叶冒出后就可以追施复合肥了

每隔25d左右，长到20 ~ 30cm时就可以收割一次，及时收割口感更加鲜嫩。韭菜种一次可以采收数年，收割的时候一定不要连根收割，留茬的高度要适度，一般在小鳞茎上3 ~ 4cm。根茎离地面1 ~ 2cm处收割。割后有条件的可撒施草木灰，消毒灭菌，抑制感染，改善土壤理化性能。2d内不宜施肥浇水，以免伤口感染病菌而造成烂根。

在花蕾未开时采收韭薹

韭菜花

食用功效

韭菜的独特辛香味是其所含的硫化物形成的，这些硫化物有一定的杀菌消炎作用，有助于人体提高自身免疫力。此外，韭菜含有维生素、胡萝卜素以及丰富的纤维素，不仅可以促进肠道蠕动、预防大肠癌的发生，同时又能减少对胆固醇的吸收，起到预防和辅助治疗动脉硬化、冠心病等疾病的作用。

青葱岁月正芬芳　香葱

香葱健身栽培要点

播种期：3 ~ 4月（初夏播6月底、　　　适宜生长温度：18 ~ 23℃
　　　　秋播9月）　　　　　　　　　收获期：5月下旬至11月
发芽温度：13 ~ 20℃　　　　　　　　栽培容器（1株）：盆口直径15cm×盆高15cm
移栽期：6月（夏播8月底、秋播11月）　放置环境：日照中等，通风良好

香葱是百合科葱属多年生草本植物，其植株小，鳞茎聚生，上部为青色葱叶，下部为白色葱白。其味辛性温，具抗菌消炎、通阳活血之功效，可作调味和装饰菜肴用。叶极细，为中空的圆筒状，质地柔嫩，味清香，淡辣中微露清甜，是生活中不可缺少的调味料之一，可以去腥。香葱原产于亚洲西部，在我国南方栽培较为广泛，在阳光充沛、肥沃、排水良好的土地一年四季均可种植。香葱种植方法简单，易于生长，生长周期短，是一种极容易种植的蔬菜。在家里种上几盆香葱，随用随摘最方便。

基本习性和特点

光照偏好　光照强度要求中等，强光条件下容易老化。
温度偏好　喜凉爽气候，耐寒、耐热性均较强，生长适温为18 ~ 23℃。
水分偏好　需水量少，但不耐干旱。
土壤选择　以疏松、透气、保水保肥的土壤为宜。
植株大小　株高20 ~ 44cm。
容器选择　圆形浅盆或种植箱（容量2.5L或以上，深度15cm）。
主要病虫害　霜霉病、软腐病、红蜘蛛、潜叶蝇等。

品种选择

家庭种植建议选择四季型香葱。

栽培要点

播种　香葱可以采取播种或分株的方式进行栽培。播种时用手抚平培养土，浇透水，将种子均匀撒播在培养土上，再覆以薄层营养土，覆土厚度以1cm为宜。然后用细孔喷壶

浇透水，保温保湿。

定植　香葱出苗比较慢，播种后12～16d才能出苗，出苗后要放在光照充足的地方。当小苗长出3～4片叶子时，就可以定植。选择生长健壮的小苗定植，种植深度3～4cm，株间距1cm，行距25cm为佳。

分株种植　盆栽香葱最简单的方法就是分株繁殖：剪掉过长的根须，地上部分保留2～3cm，其余叶子剪去，再轻掰分蘗根茪茎部，3～5株一兜种下即可。

分株种植

分株繁殖香葱成活后每10d左右浇1次淘米水，养护一段时间就可以采食

肥水管理　因根系分布浅，香葱需水量不大，但不耐干旱，少而勤的浇水有利于香葱生长。育苗阶段的小苗比较脆弱，浇水时要小心，不要把小苗冲跑。放在通风的地方，更有利于香葱生长。10d左右施一次肥，肥水一定要稀，以免浓度过高烧根，淘米水就是最环保、最省钱的肥料，当然也可以施用专用肥。总之，香葱在生长期并不需要太多的额外照料，只需定期浇水即可。当然，还要记得定期除草哦。

种植箱中叶丛繁茂的香葱

香葱的分蘖能力很强，一棵香葱可以分蘖成很多棵，可以从初春至夏秋，每隔15d补种一次。当叶丛繁茂时即可采收食用，葱白和葱叶都可供采食，但建议大家最好不要把小香葱连根拔起，而是从距离土壤表面2～3cm的地方掐断或剪断，留下来的部分还可以再继续生长。若喜欢吃葱白，就随手拔上几棵，但要记得补种哦。

采收后施肥，置阳光充足处又可长出新株

香　葱

食用功效

解热、祛痰　香葱中的挥发油等成分可以刺激身体汗腺，达到发汗散热的作用；葱油刺激上呼吸道，使黏痰易于咯出。

促进消化吸收　香葱还可以刺激机体分泌消化液，能健脾开胃，增进食欲。

Part 9

豆类蔬菜

　　豆类作物营养丰富，是人类饮食中植物类蛋白和氨基酸的理想来源，是世界的美味盟友，亦是素食主义者获取蛋白的最佳食材，而且豆类作物还是改善地球生态环境的贡献者，它们神奇的固氮特性能将大气中的氮固定在土壤中，有利于提高土壤肥力。鉴于豆类对人类的粮食安全和地球的益处等方面的作用，联合国大会将每年2月10日定为"世界豆类日"，鼓励种豆吃豆。豆类蔬菜如豇豆、豌豆、刀豆、菜豆等可是孩子们最喜欢的食物了，它们吃起来甜甜的，而且豆类家族有着丰富的花纹和色彩，外形丰富的果荚和各种色泽的种子都是绝佳的玩具哦。

庭院中飞舞的蝴蝶花　豇豆

豇豆健身栽培要点

播种期：3 ~ 7月　　　　　　　　收获期：5月上旬至11月

发芽温度：20 ~ 30℃　　　　　　栽培容器（2 ~ 3株）：盆口直径25cm ×

移栽期：根系浅，不需移栽　　　　　　　　　　　　　　盆高30cm

适宜生长温度：10 ~ 25℃　　　　放置环境：光照充足，通风良好，利于搭架引蔓

豇豆属豆科蝶形花亚科菜豆族豇豆属，又名豆角、长豆角等。原产亚洲东南部热带地区，是重要的豆类作物之一，在全球热带、亚热带地区广泛分布。豇豆在我国栽培历史悠久，距今1 000多年北宋时期的《广韵》中即有"豇"字的记载，在明清时期全国各地常见栽培。长豇豆主要以嫩荚做菜用，其生育期短，产品供应期长，耐旱耐瘠性强，是豆类蔬菜的重要成员。豇豆花为蝶形

花冠，长长的花枝大多有着鲜艳的粉色或淡雅的白色花朵，花开时如庭院中飞舞的蝴蝶，在绿叶的映衬下非常诱惑人。多为自花授粉，可留种。果实为荚果，长30～90cm，其长短色泽依品种而定。根系能固氮养地，可与其他蔬菜作物间作。

基本习性和特点

光照偏好　短日照作物，喜光，阳光充足有利于生长。

温度偏好　喜温或耐热，不耐霜冻，生长适宜温度20～30℃，在夏季35℃以上高温仍能正常开花结荚。

水分偏好　耐热耐旱忌涝，要求有适量水分。

土壤选择　对土壤适应性广，以pH6.2～7.0的疏松、排水性好的土壤为宜。

植株大小　生长习性为蔓性、半蔓性和矮生类型，蔓性生长的品种株高2.5m左右，需支架或网栽培。

容器选择　圆形盆或种植箱（容量14L以上）。

主要病虫害　病害有叶斑病、锈病等，虫害有豇豆螟幼虫及豇豆斑潜蝇、蚜虫、白粉虱。发生虫害要不断检查，及时捕杀。可悬挂黄色粘虫板诱杀蚜虫、白粉虱等害虫。

品种选择

豇豆的种类较多，有青荚、白绿荚、紫荚等品种，可选择开花结荚多、果肉厚、不易老的品种种植。

播种　豇豆种子比较大，发芽率高，可先进行浸种处理再播种，有利于提高出苗率。豇豆根系发达，为直根系，但极易木质化，再生能力弱，不耐移栽，以直播为好。采用盆栽时，先在盆底放孔网垫，可防土从盆中流失。然后放入一层盆底石，之后加入培养土至花盆高度的一半，然后再撒上一屋完全腐熟的有机肥，再加入培养土至盆高的八成即可。在花盆中间挖一深2cm的小孔便可点播种子。在采用种植箱栽种时，按穴距20～25cm，行距40～50cm播种，穴深2cm，直径5cm，每穴点播2～4粒种子，覆盖2cm厚细土并浇透水，种子发芽前保持土壤湿润，并放在阳光充足的地方。在20～30℃条件下，一般播种后5～6d发芽。可错开播种时间，这样就可有较长的时间不断收获嫩荚了。豇豆忌酸性土，在播种前盆土中可混入石灰调节土壤酸度。

播　种

长出新叶的豇豆苗

间苗　当长出2～3片真叶时，留下长势最健壮的两棵苗，其他拔除或从根茎处剪除进行间苗。连根拔除弱株时易伤其他苗根，以剪刀剪除为好。间苗后及时培土。

搭架引蔓　豇豆生长旺盛，在苗高25～50cm、7～8片复叶时开始抽蔓，节间伸长而缠绕生长，此时应及时用园艺支架搭"人"字架或用花格架进行引蔓。也可支成灯笼形的藤蔓架，便于控制植株生长高度和采收。注意插架时不要弄伤植物的根系。抽蔓后要经常引蔓，随时将其缠绕在支架上。引蔓时可用细绳将茎蔓引向支架，缠绕"∞"字形时要适当宽松。对于主蔓结荚的品种，第1花序以下的侧芽应及早抹去。还可在主蔓高2.2m左右进行打顶，促进各花序上的副花芽形成。

豇豆抽蔓时要及时搭"人"字架引蔓

肥水管理　豇豆植物天生有固氮功能，其所摄取的氮素有2/3是根瘤菌从空气中固定而来，因而不需再施氮肥，管理省事。但在抽蔓期要控水控肥，开花初期视田间豇豆生长情况，在离根部稍远处施入硫酸钾型复合肥；开花结荚期处于短日照环境，每天8～10h光照，此期应及时浇水。盛收期后，茎蔓生长衰退，可加大肥水，促进翻花，延长采收期。

豇豆花与嫩豆荚

采收

豆荚在花谢1周后，种子痕迹显露，豆荚稍有鼓胀起来时就要记得收获，此时豆荚柔软、鲜嫩，否则豆荚内的纤维容易变老变硬，影响口感。2～4d采收1次。如果来不及采收嫩荚，老熟后，可将豆子从豆荚中剥离出来吃，豆粒也是美味良蔬，可以煮粥或炒食。熟透的豆粒含水量较低，可以保存很长的时间。新鲜豇豆则可焯水后冷却，用保鲜膜包好后冷冻贮藏。

开花后不断结出嫩豆荚

食用功效

豇豆是大自然馈赠的营养食物，是植物蛋白质的重要来源，每100g豇豆中含有2.9g蛋白质，是典型的高蛋白低脂肪蔬菜，且不含胆固醇，并富含维生素、矿物质及各种功能保健因子，可有效改善人们的膳食结构。

豇豆中铁、钾含量高，钠含量低，属高纤维低血糖指数食物，有助于降低罹患心血管疾病的风险及稳定血糖和胰岛素水平。

豇豆是叶酸的极好来源，含有维生素B，对怀孕期间的神经系统功能至关重要，并对预防胎儿神经管缺陷和宝宝发育十分有帮助，经常食用有助于健康。

豇豆的嫩豆荚中还含有天冬氨酸和赖氨酸，具有缓解疲劳和美容的功效。特别是紫皮豇豆花青素含量高，具有超强的抗氧化能力，有助于人体抵御衰老，是优良保健蔬菜。

从荷兰豆到魔豆　豌豆

豌豆健身栽培要点

播种期：10月下旬至11月　　适宜生长温度：10 ~ 25℃
　　　上旬（或春播）　　　收获期：3月上旬至5月（或5 ~ 6月采收）
发芽温度：18 ~ 20℃　　　栽培容器（2 ~ 3株）：盆口直径25cm × 盆高30cm
移栽期：根系浅，不需移栽　　放置环境：向阳凉爽、通风良好

　　豌豆属于豆科蝶形花亚科豌豆属的一年生或越年生草本攀缘植物，又名青豆、麦豆、麦豌豆、荷兰豆（软荚豌豆）等。原产地中海沿岸和亚洲中西部，具有耐寒、耐旱、耐瘠等特点，环境适应能力强。豌豆在我国栽培历史悠久，在秦汉以前，《尔雅》便有记载，称"戎菽豆"，即豌豆。现全国各地普遍栽种。豌豆主要以嫩豆荚或种子供食，其生育期短，产品供应期长，是豆类蔬菜的重要组成部分。豌豆全株绿色，光滑无毛，叶为卵形托叶，不对称，花为蝶形花冠，闭花授粉，花瓣有紫色、白色，可爱的小花在早春阳光下悄然绽放，如蝶儿在飞舞，魅力十足，美丽可观。果实为荚果，嫩荚绿色，长10 ~ 12cm，每荚含籽粒5 ~ 9粒。嫩豆粒色泽多样，味甜质糯，豆荚裂开后豆粒自动掉落。豌豆的生物固氮能力可以减少氮肥使用，采摘后可将根部留在土壤，改善土质。豌豆营养丰富，味道鲜美，含有大量蛋白质、可溶性糖、维生素和矿质元素，易被人体吸收消化，是重要的粮食、蔬菜及饲料作物。依采收时期不同而有不同用途，鲜食豌豆可作为蔬菜，干豌豆可作为粮食。

基本习性和特点

光照偏好　长日照作物，长江流域多行越冬栽培。
温度偏好　菜用豌豆耐寒不耐热，喜凉爽，不耐霜冻，生长适宜温度10 ~ 20℃。
水分偏好　根系浅，不耐湿忌涝，水分过多易烂根。
土壤选择　以pH5.5 ~ 6.7的疏松、排水性好的土壤为宜。pH5.5以下可施用石灰进行改良后栽培。
植株大小　蔓生，株高1.5 ~ 2.5m，蔓性生长的品种需插架栽培。
容器选择　圆形盆（盆口直径24cm）或种植箱（容量14L或以上）。可与玉米、番茄等搭配种植。
主要病虫害　白粉病、褐斑病、炭疽病、豌豆蚜、潜叶蝇和黑潜蝇等。

豌豆的种类较多，按用途分粮用豌豆（干豌豆）、食用嫩豆粒的菜用豌豆（甜豌豆、青豌豆）及食嫩荚的菜用豌豆（荷兰豆）。阳台种植一般选择可观花又可食用嫩荚的菜用豌豆品种。

彩蝶般翩翩起舞开放着的豌豆花，犹如大自然的精灵

栽培要点

播种　豌豆是春播一年生或秋播越年生攀缘性草本植物，播期根据气候及栽培品种而定。豌豆根系再生能力弱，不耐移栽，以直播为好。播前可先用水浸泡后再播种，如果土壤疏松湿润透气，也可直接播于土中。采用圆形盆时可栽种4棵，采用种植箱栽种时，按穴距25cm、行距50cm播种，穴深1～2cm，每穴放4～5粒种子，注意保持种子间距3～5cm，覆盖2cm厚薄土并浇透水。在18～20℃条件下，播种后3d可发芽，1周后会长出嫩芽叶和小卷须。豌豆忌强酸性土壤，过酸会有碍其生长，并抑制根瘤菌繁殖。

播种豌豆，每穴3～5粒

不断冒芽的小苗

间苗　当长出2～3片真叶时，留下长势最健壮的两颗苗，其他剪掉。间苗后及时培土保暖防寒，尽量在小苗状态过冬，翌年春天开花结果。

　　搭架引蔓　豌豆可是攀缘高手，它们的卷须如同一支神奇的"魔爪"，如任由其生长，它们会毫不费力地爬满整个阳台，因而要在早春时搭好支架供其缠绕攀附。当植株高20cm左右或植株卷须出现时要及时引苗上架，可选用1.5～2.0m园艺支架人工引蔓上架或绑蔓。若有童趣，还可搭成帐篷架或所希望的形状哦。豌豆的茎总是逆时针攀缘生长，引蔓宜在晴天无风的中午或下午按豌豆自然的生长方向进行引导，上午或雨后蔓叶水分充足，容易折断。采用直立式支架引蔓时，先使茎蔓在畦面上匍匐生长，然后再引蔓上架，以降低结荚部位，便于采收。甜豌豆攀缘能力差，每隔50cm用细绳将茎蔓引向支架后呈"∞"字形绑蔓1次。及时摘除过密的枝叶，改善通风。摘下的嫩尖也是美味的时蔬。

株高20～30cm时搭架引蔓攀爬，注意使茎叶分布均匀

沿麻绳花格网架不断攀缘生长的豌豆

　　肥水管理　豌豆自身拥有固氮能力，施足基肥后，前期生长要控肥，否则茎叶生长过于茂盛易受冻害，以保小苗过冬为好。在抽蔓旺长期或结荚期施追肥1次，可施过磷酸钙和氯化钾，促进根系和茎蔓生长，促进多结荚。花期及盛收期后要科学管水，保证水分供应，整个生育期应保持盆土排水通畅，忌排水不良造成烂根。如果采食嫩梢则可加大肥水，不断促进发新枝，延长采收期。

在结荚期，为了促进开花、结荚和鼓粒，要增施磷钾肥或叶面喷施磷酸二氢钾

在豆荚还未成熟时收获，食用嫩荚，也可在开花后15～18d豆粒已充分长大，豆荚鼓胀饱满、豆粒变圆时，及时采摘绿色鲜嫩豆粒食用。还可在播种后40d左右采摘顶端嫩梢食用。春末夏初，成熟的豆荚如同打开的拉链，一个个裂开，熟透的豆粒就可以当粮食了。

播种30d后可采摘鲜美的时令菜肴豌豆尖

采收新鲜的豆荚

食用功效

豌豆味甘、性平，具有益中气、利小便、消痈肿之功效。豌豆荚和豆苗的嫩叶中富含维生素C和能分解体内亚硝胺的酶，具有一定的抗癌防癌功效。

菜用豌豆粒富含蛋白质、氨基酸、维生素等营养物质，风味独特，口感鲜美，具有延缓衰老、美容保健功效，还可增强人体新陈代谢。《本草纲目》记载，豌豆具有"祛除面部黑斑，令面部有光泽"的功效。

Part 10

薯芋类蔬菜

　　马铃薯、红薯、芋头、山药等以肥大的地下茎和根供食，食用部位埋于地下，在栽种前要有大面积的土壤空间让它们尽情生长。在收获前，你永远无法想象它们在泥土中千锤百炼的姿态，挖掘时刨金豆般的新奇感总是伴随童年快乐成长。它们的产品器官含有丰富的淀粉，是粮又是蔬，在历史上的很长一段时间，解决了食物短缺的难题，是饥荒年代穷人们用来果腹和安身立命的食物。薯芋类是易培育的蔬菜，地上部也能叶展花开，为阳台增添绿意与情趣。

从有毒的植物到地下的苹果　马铃薯

马铃薯健身栽培要点

播种期：春播3月，秋播8~9月
发芽温度：10~18℃
生长期：块茎繁殖，不需移栽，
　　　　生长期90~120d

适宜生长温度：16~20℃
收获期：6月下旬至7月，11~12月
栽培容器（1株）：盆口直径31cm×盆高27cm
放置环境：阳光充沛、通风良好的凉爽处

马铃薯是茄科茄属一年生草本植物，原产南美洲安第斯山脉秘鲁、智利、玻利维亚高寒山区和厄瓜多尔南部，已发现107个野生种和4个栽培种，是世界最古老的人类食物之一，最早由秘鲁的印第安人种植，现世界各地广为栽种。马铃薯因地域不同又名土豆、山药蛋、荷兰薯、洋芋、洋山药等，与茄子、番茄、辣椒是近亲。马铃薯的地下茎包括匍匐茎和块茎。块茎是短缩肥大的变态茎，着生芽眼，顶端有顶芽，是产品器官，又是繁殖器官，呈圆形或椭圆形，块茎的薯皮和薯肉色泽丰富，呈白、黄、淡黄、深紫或黑紫等色。地上茎可达100cm，直立、半直立或匍匐生长，呈菱形，有毛，着生奇数羽状复叶，聚伞形花序着生在主茎的顶端，以花芽封顶，花冠色泽因品种不同呈现白、蓝、淡红和淡紫等色。果实为球形浆果，种子可用于繁殖种薯或直接用于生产。马铃薯块茎营养丰富，富含淀粉、蛋白质、脂肪等营养物质。

马铃薯于明末清初传入我国，中国古籍最早记载出于清康熙三十九年（1700年）的福建省《松溪县志》。马铃薯具有独特的生物学优势，与其他粮食作物相比，其有着不挑水土的特性和超强的抵抗恶劣环境的能力，栽种范围广，产量高。

马铃薯已成为继玉米、小麦和水稻之后的世界第四大粮食作物，我国马铃薯种植面积和总产量已居全球之首。

基本习性和特点

马铃薯的全生育期为90～120d，可分为发芽期、幼苗期、发棵期、结薯期和休眠期。

光照偏好　长日照作物，性喜向阳、凉爽的地方。

温度偏好　喜冷凉气候，生长适宜温度16～20℃，高温不利于生长发育，超过25℃，块茎停止膨大。

水分偏好　要求水分供应充足，发棵期和开花期要多浇水，保持土壤湿润，但不可过湿，否则会引发病害，要注意适期适量浇水。

土壤选择　以疏松肥沃、排水顺畅的沙质土壤最佳，土壤pH5.5～6.5。

植株大小　株高50～80cm。

容器选择　圆形深盆、种植袋或种植箱（容量20L或以上），亦可选用专用套盆，深度30cm。

主要病虫害　植株易感晚疫病、青枯病、病毒病，要选用脱毒种薯进行生产。虫害上主要注意防治小地老虎和蚜虫等。

品种选择

马铃薯品种丰富多样，按皮色可分白皮、黄皮、红皮和紫皮等。阳台栽种宜选择块茎休眠期短、结薯期早、结薯均匀集中、薯形端正且表皮光滑、薯大、芽眼少而浅、膨大速度快、株型直立且可观花的品种，如夏洛特、中薯5号、费乌瑞它等早熟高产品种或紫薯品种。彩色马铃薯不是转基因品种，是科学家依据口感适应性等指标选育出来的品种，可放心食用。

丰富的马铃薯品种类型

栽培要点

繁殖方法　马铃薯可以采用块茎、扦插和种子等方式进行繁殖，多以块茎繁殖为主。

播种前准备　选择脱毒种薯，在种植前要先催芽，催芽时间为播前25d左右。整薯催芽可将块茎放于盘中，芽眼多的朝上摆放，放入室内散射光处出芽，薯芽1cm时就可种入花盆中。70g以下的种薯催芽后可整薯播种。大的薯块在播前可切块催芽，切块时依种薯大小纵切两瓣或纵斜切成四瓣，在近芽眼处切块，以利发根和打破种薯的顶端优势，促进萌芽。切好的种薯每块有1～2个芽眼，质量50g左右，切得过小种薯没有足够的养分，无法正常发芽。注意操作时刀具等要用75%的酒精消毒。切块后覆草木灰或细沙保湿、避光，温度保持20℃，当芽长1cm时，取出出芽薯块放在10～15℃有散射光的室内炼芽。马铃薯可种植在任何容器中，只要排水通畅、深度可让块茎自由生长即可。

播种　马铃薯播种期因地域气候差异而不同，可分春、秋两季播种。将出好芽的块茎单独放入花盆挖好的土坑中，块茎的种植深度10～15cm。也可选用马铃薯竖直凹槽设计种植套盆，外盆储水保湿，内盆底部设有通气孔，全程可见，还可随时采摘不伤根。花盆的深度要30cm以上，并留有排水孔。盆中装入一半的堆肥，或选择疏松透气的土壤再配以有机肥和草木灰作基肥，将培养土填至1/3时放入一层有机肥，然后再填入培养土至花盆开口高度4cm左右时便可种植马铃薯。播种时出芽部分或芽眼向上摆放，每穴放1～2颗出芽块茎。若是长形的种植箱，则挖土沟后将马铃薯芽眼朝上摆放，株间距25cm。播后将土回填，覆土厚度5cm，覆土时要小心操作，注意不要伤害到新芽。马铃薯喜与荠蓝、菠菜比邻而居，不喜与豌豆和番茄为邻，注意盆中搭配或放置时要与好邻植物为伍哦。

选择芽饱满的种薯

切块前将刀具用酒精消毒

将大块种薯切成2～4块，每块要有1～2个芽眼

芽眼朝上摆放在容器中，覆土5～10cm

在长形种植箱中挖土沟，芽眼朝上摆放并回填覆土

不断培土后的植株

培土　当植株的茎长至15cm高时要进行培土，将盆周的土壤覆盖到茎叶底部，高度为株高的一半，每隔3周培一次土，以免块茎暴露在阳光下，否则块茎变绿会产生有毒的龙葵素。培土可结合除草进行。如采用覆膜栽培，则不需培土。

肥水管理　在基肥充足的基础上，适当追。发棵期不要追肥，以免植株徒长；开花期需要水肥最多，可追施复合肥。在马铃薯生长过程中，可根据生长情况施加钾肥，钾肥有利于块茎淀粉的沉淀。春播时前期温度低，可少浇水；块茎生长期需水量较大，土壤应保持湿润，以利块茎膨大。

科学肥水管理，即使用废旧的塑料桶、深花盆和编织袋都能种好马铃薯

马铃薯花有紫色、白色，开花会消耗很多养分，要及时摘除花蕾

采收

马铃薯早熟品种当花开后茎叶由绿变黄、部分倒伏，块茎停止膨大时进行收获。秋季播种多在11月至12月中旬收获，在植株枯黄，地下块茎进入休眠期时为收获最佳时间。收获时先将植株地上部清除，盆土倒出或用小铲子轻刨基质便可收获大大小小的金土豆啦。

收获时把花盆一倒，大大小小的金色马铃薯满地翻滚，特别有趣

采收不同皮色的马铃薯

食用功效

马铃薯性平、味甘，有健脾和胃、解毒消炎、宽肠通便、降糖降脂、利水消肿、减肥美容抗衰老之功效，可作为虚弱体质和心血管患者的日常保健食品。

蔬中佛士　不撤姜食，不多食　生姜

生姜健身栽培要点

播种期：4 ～ 5月

发芽温度：18 ～ 25℃

移栽期：块茎直播，不需移栽

适宜生长温度：18 ～ 35℃

收获期：8月下旬到11月中旬

栽培容器（1株）：盆口直径28cm × 盆高28cm

放置环境：半日照环境或没有直射光处

　　姜是姜科姜属的多年生宿根性草本植物，又称生姜、黄姜，起源于东南亚的印度和我国热带多雨地区。我国是世界上生姜的主产国，每年大量出口供应国际市场。生姜以老熟的地下根状茎进行无性繁殖，种姜播种后从茎节上发生新芽，新芽膨大成初生根茎，基部长出新根，之后抽出茎叶，形成新的植株。初生根茎吸取种姜养分，发育成"母姜"，母姜膨大过程中不断萌发腋芽，新芽发生的同时又形成二次生根茎，即子姜。之后随着子姜的生长，其上腋芽萌发和膨大并又生出新根、茎和叶，即孙姜。如此周而复始不断萌发。生姜的食用器官是肥大的地下肉质根状茎，其富含丰富的营养成分，除蛋白质、脂肪、纤维素和多种维生素外，还含有姜辣素、姜油酮、姜烯酚、姜醇等功能成分和芳香物质。姜是重要的烹饪调料，同时也是食品、医药、化工等领域重要的天然原料，既是很好的佐料、调味品，也是很好的医疗保健品。古人称之为"蔬中佛士"。《论语·乡党篇》有孔子"不撤姜食，不多食"的记载。

基本习性和特点

　　光照偏好　生姜为耐阴作物，不耐强烈阳光直射，强光下叶片易失水，在夏季栽培中可利用高大植物或遮阳网适时遮阴。

　　温度偏好　喜温暖，不耐寒冷，也不耐霜冻。种姜在高于16℃温度下开始发芽，生长适宜温度18 ～ 35℃，15℃以下停止生长。

　　水分偏好　喜湿润，但忌夏季高温季节根部长时间泡在水中。

　　土壤选择　生姜忌连作，喜疏松肥沃、土层深厚、有机质丰富的中性或微酸性的沙质土壤。生姜根茎主要分布在泥土中，在黑暗环境条件下有利根茎膨大，生长期间可结合施肥除草进行培土。

　　植株大小　株高60 ～ 100cm。

容器选择　盆口直径25cm以上的花盆，以长条形深盆或种植箱（容量17L或以上）为好。

主要病虫害　夏季高温高湿环境生姜易感染根腐病即姜瘟病。虫害主要有姜螟虫（钻心虫），幼虫钻入茎内吸食使心叶枯黄。

品种选择

选择纤维少、姜味浓且肥大饱满、皮色光亮的品种，如抗性和适应性强的莱芜大姜、湖南黄心姜等。或选用先年收获后埋于土中越冬的老姜作种姜。

栽培要点

繁殖方法　生姜采用老熟的地下根状茎进行繁殖。

种姜处理　播种前20d，选取种姜，以饱满健康的老姜为好，切分或掰成50g大小的姜块，草木灰水浸泡20min消毒，捞出沥干，摊放在干净的地面晾晒2d，然后在室内阴凉处进行催芽。若没有发芽，则将生姜放入水中，等待生姜发芽。催芽过程中注意温度保持在25℃，湿度保持在80%，20d后，姜芽1cm左右时，即可播种。

播种　4月上旬至5月上旬，当温度稳定在20℃以上时播种。盆中装土，然后挖10cm深的沟，将种姜切开，注意姜芽要分布均匀，每个姜块保留1~3个短壮芽。姜芽朝上排放在沟中，并按同一个方向进行摆放，可以密集种植，姜与姜之间保持10~20cm，行距45cm。生姜喜潮湿半阴环境，根茎宜在黑暗条件下生长，故播种后要仔细填平土壤，盖土要厚，6cm为好。播后要一次性浇透水，至芽冒出前不用再浇，以利生姜顺利出苗。若发芽时天气较冷凉，可在土层表面盖草或在花盆上罩上塑料袋。

家里吃不完的生姜发芽后找一个大点深点的花盆，把它种下去，几个月后可以收获一大盆嫩姜

适时遮阴　生姜为半日照耐阴作物，喜阴不耐强日照，栽培过程中应适时遮阴，农谚："端午遮顶，重阳见天"。夏季炎热，光照强，可用遮阳网进行遮阴，至8月下旬天气转凉时拆除遮阳网。北向阳台多以散射光为主，最宜生姜生长，故不必遮阴。

肥水管理　生姜根系欠发达，对土壤水分要求严格，在夏季高温时要勤于浇水，但也忌湿度过大导致根部腐烂。生姜喜肥水，对钾肥吸收最多。除了施足基肥外，还应多次追钾肥，少施氮肥。可以在幼苗期姜苗3片叶和生长旺盛期植株8~10片叶时各施一次稀薄的有机肥，也可选用复合型液体肥料或硫酸钾，以促茎叶及地下根茎生长。后期生姜根茎膨大时结合培土再追施2次钾肥，与土混合，培向根部。

生姜喜阴凉，最好放在阳台下靠墙的位置，这样能晒到太阳又不会长时间日晒

生姜对水分要求高，要保持土壤湿润，太干容易引起叶尖干枯卷叶

　　培土　生长期间培土可结合施肥及除草进行2～3次，采收嫩姜时深培土可增加子姜长度和保持质地脆嫩。培土过程中要及时清理与生姜抢夺养分的杂草，注意不要伤及根茎部，尽量用手拔除。

采收

　　可按产品用途分别采收种姜、嫩子姜和老姜。8月下旬当长到7～8片叶时，开始采收组织柔嫩的子姜。老姜收获期一般在初霜后10～15d，当根茎充分膨大叶片开始渐渐变黄时收获，尽量在霜降前采收完。此时收获可免冻伤姜块而腐烂。亦可利用后期增产的黄金时期让生姜肉质更为饱

金秋十月，种植箱中个头饱满、颜色金黄的生姜喜获丰收

满、紧实，多纤维少水分，姜辣味更为浓烈，而且耐贮藏。老姜和种姜都可留种，也可同时采收。采收时抓住生姜的茎部，用力向上拔出或用铁锹刨出来就可以了。然后从块茎的上方将茎叶剪下，去掉须根。嫩子姜水分多，采收时则要保留5cm的茎，洗净泥土晾干后装入保鲜袋中冰箱冷藏。

食用功效

生姜是一种不可或缺的调味料，可增进食欲；亦是一味中药，能强御百邪，具有一定的抑菌作用和显著的抗疲劳作用。生姜性微温，味辛，具有解表散寒、温肺止咳祛风寒、解鱼蟹毒、解药毒、消炎止血、治疗脾胃虚寒等功效。生姜中的姜精油味香、性温，具有独特的令人愉悦的生姜芳香，有助于消散瘀血、缓解疲倦，姜精油亦是食品添加香味的香精原料和药用材料。

Part **11**

多年生蔬菜类

在阳台角落里，在墙角缝隙间，它们无畏恶劣环境，多年来努力自由生长，顽强绽放。

蔬菜中的王者　芦笋

芦笋健身栽培要点

播种期：3 ~ 4月

发芽温度：25 ~ 30℃

移栽期：翌年3 ~ 4月

适宜生长温度：10 ~ 35℃

收获期：第三年和以后每年5 ~ 6月

栽培容器（1株）：盆口直径33cm×盆高33cm

放置环境：日照充足，通风良好

　　芦笋别名石刁柏、龙须菜，被称为"蔬菜之王"，是天门冬科天门冬属食用嫩茎的多年生草本植物。芦笋源自欧洲，20世纪70 ~ 80年代才传到中国。芦笋雌雄异株，虫媒花，花小，钟形，5 ~ 6月开花，9 ~ 10月结果，花叶果均可观赏。一般定植后第3年开始采收，以幼茎为食，其风味鲜美，含有人体所需的多种氨基酸，具有提高免疫力、降脂减肥的功效。芦笋的嫩茎为产品器官，其数量及质量取决于鳞芽和地下茎的发育状态及枝叶生长繁茂程度，这种能长出长矛形多汁的嫩茎作物只能在春天收获，可以存活20年甚至更长，而且，长长的岁月里，并不需要精心养护。芦笋栽培的关键在于培育繁茂的植株，鳞芽萌生地上茎，要保证鳞芽健壮生长。在自己家里种上几盆芦笋，既可当绿植欣赏，也可收获到自己亲手种植的新鲜嫩笋，看着一根根小笋从土里冒出来，那种惊喜是不言而喻的！

基本习性和特点

光照偏好　喜光，光照充足产量高。
温度偏好　对温度适应性强，既耐寒，又耐热，植株生长适温为25 ～ 30℃。
水分偏好　耐旱、不耐湿。
植株大小　株幅40 ～ 50cm，株高100 ～ 160cm。
土壤选择　以疏松肥沃、保水保肥的微酸性土壤为宜。
容器选择　圆形深盆或种植箱（容量28L或以上）。
主要病虫害　茎枯病、根腐病、蚜虫、蓟马等。

品种选择

阳台种植建议选择适应性强、抗病性好、植株矮化型芦笋品种。

栽培要点

种子处理　芦笋可用分株繁殖，也可用种子繁殖，一般以种子播种繁殖为主。但芦笋种皮厚且坚硬，吸水发芽困难，需浸种催芽。播前用50 ～ 55℃的温水浸泡15min，后在室温下浸泡2 ～ 3d，每天换水一次，然后在25 ～ 30℃环境下催芽，种子露白即可播种。

播种　在育苗穴盘中装入准备好的营养土，将处理后的种子按每穴一粒点播在培养土上，覆盖上一层厚2cm左右的细土，然后用喷壶均匀浇透水，在20℃下，一般播后15 ～ 20d开始出苗。

芦笋种子和小苗

定植　当芦笋幼苗长到15～25cm高时，就可以定植。小苗成活长大后，犹如一株株文静优雅又细长的文竹，很多人误以为是文竹，其实不是哦！芦笋是多年生植物，一经定植土壤无法翻耕，因此移栽前要施足底肥，以腐熟的有机肥为宜，定植株距25～35cm，深度以苗根埋在土下10～15cm为宜。

芦笋的小苗种下去，第二年春季就可收获嫩笋了

肥水管理　定植成活后可每月施一次稀薄的有机肥，这样能让它长得更快、更壮实。芦笋喜在潮湿的环境下生长，因此要及时补给肥水，每次浇水的时候一定要浇彻底。采笋期要保证浇水、不能受旱，一般7～10d浇一次水。

芦笋雌雄异株，花小呈钟状，色黄绿，花开时似串串小铃铛

芦笋形似文竹，株型秀美，春夏叶片青绿、触感柔软，到深秋，一袭金黄、优雅高贵，观赏性极强

芦笋的果实观赏性很强，成熟后会变成红色，这时就可以采收留种了

芦笋每年采摘最佳的季节是春季，采收期大概30～40d。第1年芦笋还比较细弱，最好不要去采摘以免伤根，影响它的后续生长。第2年根系生长稳定后，便可开始采摘了。采收要注意选在上午，因为中午温度较高，容易使芦笋品质下降。采收时用锋利的小刀割下上半部分，因为这个部分比较嫩，一般留茬高度2cm左右。

春暖花开时，小笋尖不断钻出地面，嫩笋越早采收品质越好

食用功效

芦笋具有人体所必需的各种氨基酸，含有丰富的维生素B、维生素A、叶酸以及硒、铁、锰、锌等微量元素，含硒量高于一般蔬菜。绿笋氨基酸和微量元素含量高于白笋。但芦笋嘌呤含量较高，吃后会增加尿酸，有痛风的人不适合多吃。

庭院中最美丽的花　百合

百合健身栽培要点

播种期：7 ~ 8月（鳞茎种植
　　　　则在3月中下旬）

发芽温度：10 ~ 18℃

移栽期：无须移栽

适宜生长温度：12 ~ 25℃

收获期：翌年8月

栽培容器（1株）：盆口直径20cm × 盆高22cm

放置环境：日照充足，通风良好

百合是百合科百合属多年生草本球根植物，别名夜合、中蓬花，原产于亚洲，以鳞茎为产品器官，全球已发现至少120个品种。近年更有不少经过人工杂交而产生的新品种，如亚洲百合、香水百合、火百合等。其鳞茎球形，淡白色，先端常开放如莲座状，由多数肉质肥厚、卵匙形的鳞片聚合而成，其肉质细白，富含淀粉、蛋白质、果胶，可作蔬菜食用，亦作药用，具润肺止咳、宁心安神功效。百合的花大而美丽，花色优雅圣洁，极具观赏价值，是人们非常喜爱的花卉品种。所以，大概会有很多朋友会跟笔者一样是因为想要欣赏到美丽的百合花而尝试在阳台上种植百合，下面就让我们一起来动手在家里种上好吃又好看的百合吧！

基本习性和特点

光照偏好　属长日照作物，喜光，发育期应光照充足，孕蕾期适当遮光，生长期每周转动花盆一次。

温度偏好　不喜高温，喜凉爽湿润气候，耐寒，生长适宜温度12 ~ 25℃。

水分偏好　喜干燥，怕涝，耐旱，保持土壤湿润即可。

土壤选择　以富含腐殖质，土层深厚，排水良好，疏松通气的微酸性或中性沙质土壤最佳。

植株大小　因品种不同，株高30 ~ 150cm。

容器选择　圆形深盆或种植箱（深度22cm或以上）。

主要病虫害　百合疫病、病毒病、蚜虫等。

品种选择

百合按形态特征可分为百合组、钟花组、卷瓣组和轮叶组；按花期早晚可分为早花类、中花类、晚花类和极晚花类；按花色可分为红色系、粉色系、白色系、黄色系、杏黄色系、复色系；按用途可分为切花类、盆花类、花坛类等。阳台种植建议选择盆栽品种，当然也可根据个人需求和喜好选择品种。

不同百合品种

栽培要点

种球的准备　百合可用子鳞茎、珠芽或者种球进行繁殖，家庭种植建议选择种球繁殖。盆栽时选择色泽鲜艳、无病无虫、根系健壮、抱合紧密、球径12cm左右的种球，先将根系进行处理，摘除烂根露出新生根，然后用1∶1 000倍多菌灵（也可用克菌丹、百菌清、高锰酸钾）液浸泡30min，后用清水冲净晾干备用。

种植前要将种球腐烂和受损的根系剪掉

定植　将种球的根部扒散开摆在花盆中，芽尖向上埋入土中，深度为鳞茎直径的2～3倍，株距15～25cm，每个花盆宜栽种3个种球，然后浇透水。

种球发芽后还可继续栽种，但要避免弄断或折伤芽　　种下15d左右，种球长出了嫩绿的新叶

多个种球种在一起，花开时"花团锦簇"

肥水管理　在百合生长的前期，植株所需的养分主要来自鳞茎中储存的营养，因此定植前不需在基质中添加太多底肥；定植1个月后，可根据植株的长势适度追肥。百合在生长期里的肥分供给应偏向于氮肥和钾肥，并以施用有机肥为好。正常的生长期里，应每10～15d施一次稀薄液肥，同时还应注意补充一些微量元素，如铁、硼、锌等。花期可间施两次液态磷肥，但要注意对磷肥的施用量进行控制，因为磷肥过量会出现叶片枯黄脱落的现象。通常，氮、磷、钾的施用比例为1∶0.8∶1。每次施肥后，应及时浇水，这样可以使肥分均匀地渗透，利于植株的根系发育。

百合喜干燥，如果盆土长期过湿，鳞茎会因土壤通透性差而变色，基部根系也容易腐烂。但生长季节，盆土也需要一定的湿润，见到盆土表面发白，手摸有干硬感时，可浇一次透水。夏季，中午见植株略有萎蔫状时，傍晚可浇一次透水。百合喜湿润的空气，置于阳台上莳养，夏季可在花盆周围洒水，增加环境空气湿度，使之生长旺盛，开花繁茂。

阳台上怒放的百合花，花色艳丽，姿态优美

株型高大的百合可插支架防倒伏

盆土更换　通常每隔3年，盆栽百合需更换盆土重新栽植，目的是为了防止连作障碍，使植株长得更加健壮，开出大而艳丽的花朵，鳞茎更加健壮结实。

采收

一般在秋冬季百合茎秆变黄枯萎后，经过一段低温时期到立冬前后采收。采收时按顺序逐穴刨挖，新挖起的鳞茎不可在日光下吹晒，以防鳞片变色或失水。可低温冷藏或脱水保鲜。

每隔3年更换一次盆土

食用功效

百合的独特营养成分主要是生物碱，止咳效果明显，还可以改善肺部功能，也有一定的镇静作用。鲜百合具有养心安神、润肺止咳的功效，对病后虚弱的人非常有益。百合入药常用于治疗慢性支气管炎、肺气肿和久咳等症。

清凉提神的药草　薄荷

薄荷健身栽培要点

播种期：3月

发芽温度：20 ~ 25℃

移栽期：5月

适宜生长温度：25 ~ 30℃

收获期：当年6月下旬至10月，
　　　　以后每年5 ~ 10月

栽培容器（1株）：盆口直径20cm×盆高20cm

放置环境：日照充足，通风良好

薄荷为唇形科薄荷属多年生草本植物，是世界上主要的香料植物之一，也是一种用途广泛的中药材。其性辛凉，具疏散风热、清利头目、疏肝行气等功效。叶对生，花淡紫色，花后结暗紫棕色的小粒果。薄荷具有特殊的芳香和凉感，有清新空气、提振精神的作用。当你拿起一片薄荷叶在手指间揉搓，你会注意到一股特殊的浓烈的香味扑鼻而来，你会想到糖果或薄荷朱利酒。薄荷既美观又实用，可观可尝，其生命力顽强，容易种植。在自家阳台种上一盆薄荷，可作菜、甜点或沙拉的配料！

基本习性和特点

光照偏好　长日照作物，性喜阳光，室内栽培应选在阳光充足的地方。

温度偏好　对温度适应性强，生长适宜温度25 ~ 30℃。

水分偏好　喜湿润，生长初期和中期要多浇水。

土壤选择　对土壤要求不严格，以疏松肥沃、排水良好的沙质土壤最佳。

植株大小　株高30 ~ 60cm。

容器选择　圆形浅盆或种植箱（容量6L或以上）。

品种选择

薄荷的品种很多，有胡椒薄荷、绿薄荷、柠檬香水薄荷、留兰香圆叶薄荷等，不同薄荷的香味会略有一定的差异，家庭种植薄荷可以根据个人的喜好来选择品种。

繁殖方法　薄荷可以采用根茎繁殖、分株繁殖、扦插繁殖和种子繁殖等。根茎繁殖即选取前茬薄荷中的健康母株收割地上茎叶后的根茎作为种株繁殖。分株繁殖即在薄荷幼苗高15cm左右，用间下来的苗分株移栽。扦插繁殖即将地上茎枝直接插在育苗床上，待生根发芽后移植到种植盆中培育。种子繁殖即直接将种子播撒土壤中繁殖。

选健康老枝带根挖出

将老枝剪成3～5cm长段，每截保留少量叶片

将枝条插入湿润的基质中，置通风阴凉处，1周左右就会生根

播种　根茎、扦插、分株三种繁殖方法相对较为简单，这里重点介绍用种子繁殖的方法。薄荷的种子细小，出芽率比较低，建议选用疏松、排水好的土壤，浇透水后均匀播种，无须覆土。土壤的湿度要保持适宜，可用小喷壶对种子进行喷水保湿，注意不要将种子冲走，覆盖保鲜膜可提温保湿。

定植　幼苗长出5～6片叶时进行，将薄荷苗连根带土移栽到种植盆中，把小苗扶正，理顺根系，接着填土并压实，浇透水。

肥水管理　水分对薄荷的生长有很大影响，植株在生长初期和中期需要大量的水分，开花期则需水较少，按时按量地给薄荷浇水可以使其生长更好。薄荷生长较快，需要较多

薄荷成活后要及时浇水，可每隔15d左右浇一次淘米水或稀薄有机肥补充营养

繁茂生长的薄荷，记得定期采摘和修剪，越剪越爆盆

的养分来支持它的生长，可以每隔15～20d施一次稀薄的有机肥，也可选用复合肥料，施用钾肥，能够有效改善植株纤细瘦弱的状况。此外，过期的牛奶、乳酸菌饮料和淘米水对薄荷来说都是非常好的肥料。

采收

薄荷要适时定期采摘和修剪，可以只摘叶，也可以将嫩茎和叶剪下晾干备用。4～8月因气候适宜是薄荷长得最繁茂、也是品质最佳的时候，采收的间隔期为15～20d。冬天的时候，把薄荷的枯枝老叶剪掉，只留根部，注意越冬保护，不用施肥，待来年春天又可重新发出新芽。

功效与作用

消炎抗菌　薄荷能降低体温、清凉润喉，能兴奋中枢神经，使周围毛细血管扩张而散热，并促进汗腺分泌而发汗，因此有降低体温的作用。薄荷还能增加呼吸道黏液的分泌，减少泡沫痰，这也是润喉糖都有薄荷成分的原因。

清新去异味　薄荷有独特的清新的薄荷香，常用于制作料理或甜点，可去除鱼肉及羊肉腥味，或搭配水果及甜点，用以提味，也可做成消炎消肿的润肤水。

提高睡眠质量　夏天用晒干的薄荷叶做枕头，清新解暑，便于入睡。

美容美体　用新鲜的薄荷叶捣汁涂抹皮肤，不仅清凉舒服，还能使皮肤光滑无比；泡薄荷叶水洗头，可去头屑，使头皮更健康。

驱蚊止痒　夏天蚊子很多，如果在家种几盆薄荷草，它散发出来的天然香味对驱赶蚊子有一定的作用；若是被蚊子咬了，摘两片叶子捣汁涂抹皮肤，能止痒消肿。

薄荷气味独特，沁人心脾，在庭院中适量种植还有驱蚊的作用

清清凉凉的薄荷饮品

Part 12

其他特色蔬菜

夏日里的植物黄金　秋葵

秋葵健身栽培要点

播种期：3～4月

发芽温度：21～35℃

移栽期：5月中旬至6月初

适宜生长温度：25～30℃

收获期：6月下旬至10月

栽培容器（1株）：盆口直径25cm×盆高25cm

放置环境：日照充足，通风良好

　　秋葵为锦葵科秋葵属一年生草本植物，俗称羊角豆，原产于非洲埃塞俄比亚附近以及亚洲热带地区，现世界各地广泛栽培。秋葵以采嫩果为主，叶、芽、花亦可供食，种子可榨油。其植株高大，茎部直立，形态优雅，花朵美丽，颇具观赏价值，加之抗逆性较强，特别适合在阳台种植。秋葵花大而蓬松如碗，钟形花萼，花色淡雅，呈鹅黄、粉红或淡紫色，如丝绸般油亮，自5月左右开始，直至11月持续开放的花朵依然美丽如初，但每朵花从盛开到凋落只有10多个小时。秋葵花中含有大量的维生素A、多糖和黄酮类化合物等活性物质，能起到消除自由基及抗氧化、增强身体耐力、抗疲劳和强肾补虚的作用，可凉拌、油炸，亦可制花茶。蒴果长角形，先端尖，横截面呈五角或六角形，果表覆茸毛，具独特鲜美的风味，营养价值高，被美、英等国列入新世纪最佳绿色食品名录，美国将其称为"植物伟哥"或"植物黄金"，日本、韩国称之为"绿色人参"。秋葵的嫩果脆嫩多汁，滑润不腻，香味独特，口感绵软中带韧劲，可作蔬菜食用。因其外形长得像辣椒，所以又被称作"洋辣椒"。秋葵不但可以食用，还可盆栽供欣赏，如果在家中阳台上种上几棵秋葵，既可观花又可食果，岂不是两全其美。

基本习性和特点

光照偏好　短日照蔬菜，喜光，对光照条件尤为敏感，光照充足有利于提高产量。

温度偏好　喜温暖，耐热力极强，怕寒且不耐霜冻，生长适宜温度25～30℃，26～28℃条件下开花多，坐果率高，果实发育快。

水分偏好　耐旱、耐湿，不耐涝，整个生长期以保持土壤湿润为度。

植株大小　株幅50～70cm，株高依品处而定，矮种0.8～1.2m，高种1.0～2.2m，以主茎结果为主。

土壤要求　对土壤适应性广，以土层深厚、疏松肥沃、保水保肥力强的壤土或沙壤土为宜，土壤pH6～8。

容器选择　圆形深盆或种植箱（容量12L或以上）。

品种选择

秋葵按果荚颜色的不同分为红秋葵和绿秋葵。红秋葵的花朵和果实是红色的，颜色比较漂亮。绿秋葵的花朵是黄色的，是市面上常见的秋葵品种。阳台种植可结合当地气候条件，根据个人需求和喜好选择品种。

栽培要点

催芽　播种前用20～25℃的温水浸种24h，将种子捞出后用湿布包裹起来置于25～30℃的环境条件下催芽48～72h，让种子始终保持湿润状态，待大部分种子露白后即可播种。

播种　将育苗穴盘装好基质后浇透水，再将处理好的种子轻轻按在基质中，每穴1～2粒，覆一层薄土，轻轻压实后浇足量的水。

天气渐暖时，将催好芽的种子播种于花盆中

穴盘育苗，每穴1粒，3～4片真叶时即可移栽定植

移栽 幼苗长出3～4片真叶后，就可以连根带基质一起移栽到种植盆中。压实植株四周的土壤，浇一次透水，直到看见盆底小孔有水流出为止。

肥水管理 秋葵植株根系发达，生长旺盛，需肥、需水量大，特别在开花期间，如果缺水、缺肥，会导致结果不良，降低产量。定植后追施1次复合肥，如明显缺肥，应每隔10～15d追肥1次，施肥量因植株大小而定，一般每穴5～10g。生长中后期可以少量多次施肥，有利于防止植株早衰。整个生长期都要保持种植盆中土壤和周围空气湿润。

植株调整 当株高1.2～1.5m时，可对其打顶处理，将已采收嫩果以下的各节老叶及时摘除，既能改善通风透光条件，减少养分消耗，又可防止病虫蔓延。采收嫩果者适时摘心，可促进侧枝结果，提高早期产量。采收种果者及时摘心，可促使种果老熟，以利籽粒饱满，提高种子质量。在秋葵生长的中后期，要及时摘除底部老叶，减少养分消耗。

定植后追施一次复合肥

及时摘除老叶保持通风，同时可挂黄板防治蚜虫

秋葵谢花后5天左右采收口感最好

绿秋葵和红秋葵不仅果实颜色不同，花的颜色也不一样，常见的绿秋葵开黄花，红秋葵开红花

采收

秋葵花大而艳丽，花期极为短暂，仅数小时，当天午后即萎蔫。秋葵花期在5~11月，于开花后5~7d，当果荚长到7~10cm时就可以用剪刀剪下果荚。秋葵越小越鲜嫩，采收晚了，肉质老化，纤维增多，食用价值会大大降低。

食用功效

秋葵有着奇妙的爽滑黏稠口感，其嫩果中含有丰富的果胶、胡萝卜素、维生素C、多种B族维生素和钙、磷、铁、锌、硒等矿物质及微量元素，对增强人体免疫力有一定帮助。常食用秋葵不仅具有一定的保护肠胃和肝脏、防肠癌、降血糖的功效，还可以补钙、补肾、美容养颜抗衰老，作为保健佳蔬备受青睐。

秋葵花亦是一道美味，兼具美白肌肤、纤体养颜、强肾补虚之功效。

秋葵采收

秋葵果外形酷似辣椒，切开后横截面似精致的五角星，冰镇吃起来脆嫩爽口

红秋葵不同于绿秋葵是因为它含有丰富的花青素

催情草　茴香

茴香健身栽培要点

播种期：4 ~ 5月

发芽温度：20℃左右

移栽期：6月

适宜生长温度：16 ~ 23℃

收获期：每年10 ~ 12月

栽培容器（1株）：盆口直径20cm × 盆高20cm

放置环境：日照充足，通风、排水良好

茴香是伞形科茴香属多年生草本植物，植株有较为浓烈的特殊香辛味，是集医药、调味、食用功效于一身的多用植物，具有开胃进食，理气散寒的功效。茴香原产于地中海地区，现在我国各地均有栽培。因为茴香的特殊气味，很多人不习惯，但尝试后一旦喜欢上，便觉得是人间美味了，记忆中馅料丰富的茴香饺子就是格外的香。茴香的茎部及嫩叶可清炒或做饺子馅料。果实又称小茴香，可作调味品和香料用，亦供药用。茴香种植很容易，不用刻意去种，每到万物复苏，几场春雨洒过，它们就会跟着其他蔬菜的脚步破土而出，露出细细尖尖的小芽来。

基本习性和特点

光照偏好　长日照作物，阳光充足有利于生长。

温度偏好　喜冷凉，耐寒性较强，生长适宜温度16 ~ 23℃。

水分偏好　抗旱怕涝，以保持土壤湿润为宜。

土壤选择　以土层深厚、疏松、透气、排水良好，含较多腐殖质的沙质土壤为宜。

植株大小　株高40 ~ 200cm。

容器选择　圆形深盆或种植箱（容量6L或以上）。

茴香的种类较多，我国栽培的主要有小茴香、意大利茴香、球茎茴香三种，阳台种植茴香可以根据当地气候条件，选择抗病、产量高的品种。

小茴香

球茎茴香

栽培要点

播种　茴香种子发芽慢，需要先进行浸种处理再播种。为了获得粗壮的茴香苗，建议用育苗穴盘育苗后移栽，具体做法是将处理好的种子均匀地撒播在穴盘里，每穴2 ~ 3粒，然后覆盖一层薄土并浇透水，放在阳光充足的地方，一般播种后13 ~ 15d发芽。

茴香籽

播种10d后的茴香苗

移栽　当茴香苗高10 ~ 15cm，真叶3 ~ 4片，苗龄30d左右时带育苗基质移栽，这样成活率比较高，定植株距10 ~ 20cm，定植深度2 ~ 2.5cm，以不埋住心叶为宜。

肥水管理　苗高14 ~ 20cm时及时追肥，以氮肥和腐熟有机肥为主，配合叶面喷施，可提高植物吸水吸肥力，促使小茴香叶片肥厚、秆茎粗壮、长势茂盛。长到中后期开始开花时，再多施一些磷、钾肥。虽然茴香耐寒，但也要保持盆土湿润，适时除草松土以利于通风透气。割茬后要补充肥料，一般建议施磷酸二氢钾，有利于茴香再次生长。

可当盆景观赏的盆栽茴香叶片呈羽状分裂，飘逸脱俗

茴香是非常美丽的植物，它的花语是"才色兼备"

采收

当茴香长至30～40cm，一束束鲜嫩且柔软，细细的羽毛般叶子精细秀美，飘逸脱俗，这时便可以开始采收茎叶了。茴香可以割后留茬，多次收获。

食用功效

茴香中含有的茴香脑具有抗炎功效，可以预防癌症；茴香酮和茴香醛等挥发油能够产生特殊的香气，刺激人的唾液和胃液分泌，增加胃肠蠕动，排除肠胃中积存的气体，有健胃行气的功效；茴香醚有杀菌暖胃的作用，尤其对消灭大肠杆菌，痢疾杆菌有着非常明显的作用；茴香烯有明显的升高白细胞的作用，可用于白细胞减少症。

茴香长至30～40cm就可以摘叶采收或留茬收割

好光性种子：需要有一定的光照才能萌发的种子，如生菜、莴苣、胡萝卜等的种子，播种后不必覆土或覆盖极少量的土。

中光性种子：大多数蔬菜植物的种子萌发对光照条件不敏感，有光无光都可萌发。

厌光性种子：又为嫌光性或需暗种子，有光将影响发芽进程甚至不发芽，只在暗处萌发，光照会抑制萌发过程，如茄子、番茄、羽衣甘蓝和瓜类种子，播种后覆土要稍深一些。

追　肥：在植物生长期间为补充和调节植物营养而施用的肥料。

堆　肥：菜叶、作物秸秆、泥炭等植物残体经高温堆制发酵并充分腐熟后而得到的一种肥效长久且营养成分丰富的有机肥料，又称为人工厩肥。堆肥有利于土壤形成团粒结构，使土壤变得松软，可作为土壤改良的材料。

缓释肥：成分稳定，见效缓慢，肥效持久的肥料。

混　作：在同一块地上混合栽种2种以上的不同种类蔬菜的方式。

连　作：也称重茬，一年内或连年在同一块地上连续种植同一种作物的种植方式。

连作障碍：是指连续在同一块地上栽培同种作物或同科属作物引起的作物生长发育异常，产量、品质下降，包括养分过度消耗、土壤理化性质恶化、病虫害增加和有毒物质积累。

株行距：是指植物栽植的株距和行距。株距是行内植株与植株间的距离，又称株间距；行距是栽植行与栽植行间的距离，又称行间距。

雌雄异花：具有雌花和雄花之分的植物。雄花只有雄蕊没有雌蕊，雌花只有雌蕊而没有雄蕊，如瓜类蔬菜。

自花传粉：同一朵花，雄蕊成熟的花粉落到雌蕊的柱头上，并能正常地授精结实的过程称自花传粉，也叫自交。自花传粉的植物是两性花，而且一朵花中的雌蕊与雄蕊必须同时成熟，如蝶形花科的豇豆、豌豆等。

异花传粉：一朵花的花粉落到另一朵花的柱头上的过程。自然界多数植物是异花传粉，有的两性花，同一朵花的雌雄蕊成熟期不一致，故雌蕊接受的花粉通常是另一朵花的花粉。

授　粉：将植物雄花成熟的花粉授予雌花柱头的过程。根据植物的授粉方式不同，可分为自然授粉和人工辅助授粉。蜜蜂、蝴蝶等小昆虫或风媒介可帮助完成授粉，但为了授粉效果更好和达到预期的产量，常采取人工辅助授粉。雌雄同株的植物，用毛笔沾上雄花花蕊的花粉，将它轻轻涂抹到雌花花蕊上。雌雄异株的，则可摘取开放的雄花，将雄花花蕊直接轻轻涂擦到雌花花蕊上。授粉是有性繁殖的一种方式，意味着遗传的多样性。

无性繁殖：同授粉一样，部分植物依靠其他方法进行繁育，例如有些植物的营养器官如根茎、珠芽等具有再生能力、分生能力，无性繁殖则是根据这一特性并用它们的营养器官来繁育新个体。目前蔬菜栽培中常用的无性繁育方式主要有马铃薯块茎、百合鳞茎的分离繁殖，藤蔓扦插繁殖，草莓的压条繁殖及其他蔬菜的嫁接和组织培养繁殖等。

牵　引：将植物的枝条或茎蔓用园艺扎绳轻绑到支架上以调整植物的生长方向和植株形态。

种子活力：种子在田间状态下迅速而整齐地萌发并形成健壮幼苗的能力。

烧　苗：肥料成分过多或浇施不当而对植株引起的伤害，会使叶片变黄或枯萎。

整　枝：摘心、摘果、摘枝叶或腋芽等使植物健壮生长的作业。

侧　芽：枝条上长出的芽。大多长在叶柄基部的上方。

除腋芽：为抵制营养的分散，抹除枝的侧面叶腋内长出的不必要的侧芽。

间　苗：种子播种发芽后，用小镊子拔掉或用剪刀剪除生长过密的幼苗。通过拔除过密且长得较为纤弱的幼苗，使剩下的菜苗能茁壮成长。

培　土：将土培到植物根部的作业。可防止植物倒伏，还可改善根系分布。生产中通常结合松土除草进行。

覆　土：播种后覆盖于种子表面的一层土。覆土厚度通常为种子大小的两倍左右，但好光性种子则可不覆土或极薄覆土。

徒　长：由于光照不足、氮肥用量过多、密植或空气湿度过大等生产条件不协调而产生的茎叶发育过旺或植株生长细长纤弱的现象。

短日照植物：在24h昼夜周期中，只有当日照时长短于一定时数或短于其临界日长时才能开花的植物，否则只进行营养生长。常见的有秋葵、甘薯、紫苏、大豆、玉米、菊花等。这类植物通常在早春或深秋开花。

长日照植物：在24h昼夜周期中，只有当日照时长长于一定时数才能开花的植物，如萝卜、白菜、莴苣等，在生长发育过程中需要一段时间，如果每天光照时数超过一定限度，花芽会形成更快，光照时间越长，开花越早。

中性植物：对日照长短没有要求，在任何日照下均能开花，如辣椒、茄子、番茄、黄瓜、菜豆等。

共生植物：在同一个花盆或栽种空间，一起种植的植物相互间可以产生积极的影响，如促进生长、驱避及预防病虫害等，这两者能保持共生友好关系的植物就是共生植物。

土壤团粒结构：由若干土壤单粒黏结在一起形成为团聚体的一种土壤结构。团粒结构土壤能协调土壤水分、养分和空气之间的关系，促进植物根系的良好生长。

钵底石：为促进排水而在盆器底部放入的采用蜂孔设计且颗粒较大的轻石。栽培容器较深时放入钵底石铺底，利于基质疏松透气透水，防止根系缺氧烂根。

花格架：供植物缠绕攀爬的格子状屏风，常用作蔓生植物如瓜类或月季的支架，还可将其固定或斜置于墙上，悬挂吊篮。

支　脚：盆器底部专用的支垫，可将盆器抬高，以保持底部通风顺畅。